Sitzungsberichte
der Akademie der Wissenschaften
der DDR
Mathematik – Naturwissenschaften – Technik

17 N
1979

Komplexe Nutzung des Rohstoffes Holz

AKADEMIE-VERLAG · BERLIN

Sitzungsberichte
der Akademie der Wissenschaften
der DDR
Mathematik — Naturwissenschaften — Technik

Jahrgang 1980 · Nr. 17/N

Komplexe Nutzung des Rohstoffes Holz

AKADEMIE-VERLAG · BERLIN
1979

Vorträge und Diskussionsbeiträge
gehalten in der Sitzung der Klasse
Chemie der AdW der DDR
am 23. November 1978

Herausgegeben im Auftrage
des Präsidenten der Akademie
der Wissenschaften der DDR
von Vizepräsident Prof. Dr. Heinrich Scheel

Erschienen im Akademie-Verlag, 108 Berlin, Leipziger Str. 3—4

Lizenznummer: 202 · 100/273/79
Gesamtherstellung: VEB Druckhaus Köthen
Bestellnummer: 762 785 5 (2010/79/17/N) · LSV 1275
Printed in GDR
DDR 8,— M

Inhalt

B. Philipp

Einführende Bemerkungen

Im Zuge weltweiter Bemühungen zur rationellen Nutzung vorhandener Rohstoffquellen und zur Erschließung von Rohstoffreserven hat in den vergangenen Jahren das Holz als Werkstoff und als Rohstoff für eine chemische Weiterverarbeitung unter wissenschaftlich-technischen wie unter ökonomischen Aspekten zunehmend an Interesse gewonnen, da hier eine unter Nutzung der Sonnenenergie sich ständig erneuernde Rohstoffquelle vorliegt. Für die DDR als einem verhältnismäßig holzarmen Land ist dabei in besonderem Maße notwendig, das aus eigenem Aufkommen und aus Importen zur Verfügung stehende Holz so rationell wie möglich zu nutzen, indem beispielsweise die Cellulosekomponente zu möglichst hochveredelten Produkten verarbeitet wird, indem ein möglichst großer Anteil des Altpapiers in den Stoffkreislauf zurückgeführt wird, indem durch Kombination von Holz bzw. seinen Komponenten mit synthetischen Polymeren neue Wege der Werkstoffgewinnung beschritten werden und indem schließlich bei der chemischen Weiterverarbeitung vor allem das Lignin, aber auch Hemicellulosen und Begleitstoffe (z. B. Harz) vollständiger bzw. unter Erreichen einer höheren Veredelungsstufe verwendet werden. Eng verbunden mit einer solchen rationellen und komplexen Holznutzung ist die Erschließung bisher nicht genutzter Reserven an Holz und cellulosehaltigen Produkten sowohl für die direkte Gewinnung von Werkstoffen als auch für eine chemische Weiterverarbeitung.

Auf einer unter Leitung des 1. Stellvertreters des Vorsitzenden des Ministerrates der DDR *Alfred Neumann* stehenden Expertenkonferenz wurde im Sommer 1978 in Leipzig-Markkleeberg der in der DDR erreichte Stand zur Bereitstellung und Nutzung des Holzes kritisch eingeschätzt, und es wurden die in den kommenden Jahren vor uns stehenden Aufgaben abgesteckt.

Impulse und Konsequenzen für die chemische Forschung der DDR ergeben sich dabei vor allem aus den Schlußfolgerungen, die aus Diskussionen in den Arbeitsgruppen „Neue Holzwerkstoffe“ und „Chemische Holzverwertung“ gezogen wurden.

Im Rahmen der sozialistischen Integration auf dem Gebiet von Wissenschaft und Technik wurden Stand und Probleme der Grundlagenforschung zur Chemie, Physik und Biologie des Holzes anläßlich einer im September 1978 von der Slovakischen Akademie der Wissenschaften veranstalteten Tagung beraten, an der Vertreter der AdW, der Hochschulen und einschlägigen Industriezweige der DDR mit einer Reihe von Vorträgen teilnahmen.

Ziel der heutigen Klassensitzung soll ein Informations- und Meinungsaustausch über einige Ergebnisse und offene Fragen der komplexen Holznutzung sein, wobei in den Vorträgen und vorbereiteten Diskussionsbeiträgen Probleme der Nutzung der Ligninkomponente und der Verwertung cellulosehaltiger Stoffe durch hydrolytischen Abbau im Vordergrund stehen, aber auch die Nutzung der akzessorischen Stoffe die notwendige Beachtung finden soll.

V. P. Karlivan/V. S. Gromov

Übersicht über die Forschungsarbeiten des Instituts für Holzchemie der Akademie der Wissenschaften der Lett. SSR auf dem Gebiet der komplexen Holzverwertung

Das Institut für Holzchemie wurde 1946 im Rahmen der ebenfalls in dieser Zeit gegründeten Akademie der Wissenschaften der jungen Lettischen Sozialistischen Sowjetrepublik ins Leben gerufen. Die Hauptforschungsrichtung des Instituts war und ist die Chemie des Holzes und seiner Komponenten als theoretische Grundlage der chemischen Modifizierung und Verarbeitung des Holzes. Bekanntlich lassen sich nur durch vertiefte theoretische Erkenntnisse grundlegende Verbesserungen hinsichtlich der Technologie der Holzverarbeitung erzielen sowie prinzipiell neue Technologien entwickeln, die zur Lösung der heute vor uns stehenden wichtigen Probleme einer rationellen und komplexen Nutzung der Holzvorräte beitragen. Die Notwendigkeit der Lösung dieser Probleme wird mit jedem Jahr immer dringender, da einerseits der Holzbedarf rasch ansteigt, andererseits aber angesichts der wichtigen ökologischen Rolle der Wälder in der Biosphäre unseres Planeten auf ein vernünftiges Maß begrenzt werden muß.

Jährlich werden gegenwärtig in der Welt bereits etwa $2 \cdot 10^9$ m^3 Holz benötigt, welche Menge nach angestellten Schätzungen [1] gegen Ende unseres Jahrhunderts sogar bis auf $5 \cdot 10^9$ m^3 steigen wird. Für die chemische Verarbeitung werden heute nur etwa 15% des Holzbedarfs genutzt, der Anteil der chemischen Holzverwertung ist jedoch in ständigem Steigen begriffen. Völlig begründet ist die Meinung, daß die pflanzliche Biomasse, innerhalb derer dem Holz eine wesentliche Rolle zukommt, in Zukunft ein wichtiger Rohstofflieferant für die chemische Industrie sein wird. Das erhöhte Interesse an Holz als chemischem Rohstoff hängt mit der Energiekrise, den steigenden Preisen für Erdöl und der allmählichen Erschöpfung der Vorräte an organischen Bodenschätzen zusammen. Ein unschätzbarer Vorzug der pflanzlichen Rohstoffe ist ihre ständige Erneuerung durch Photosynthese, wodurch sich jährlich etwa $2 \cdot 10^{11}$ t Biomasse bilden, d. h. mehr als das 20fache der Gesamtförderung an Kohle, Erdöl und Erdgas. Nicht unwichtig ist auch, daß fast alle Arten von Plasten und Synthesefaserstoffen letztlich aus Produkten der chemischen Holzverwertung hergestellt werden können [2]. Zur Lösung aller in diesem Zusammenhang anstehenden Fragen sind jedoch noch erhebliche Forschungsarbeiten zu leisten.

Im Institut für Holzchemie werden vielseitige theoretische Untersuchungen zur Erforschung des Holzes und Ausarbeitung der wissenschaftlichen Grundlagen für seine komplexe chemische Verwertung, die chemischen Modifizierung und Veredlung des Holzes, die Modifizierung und effektive Nutzung der Cellulose, des Lignins und anderer Holzbestandteile sowie entsprechender Abbauprodukte durchgeführt. In der vorliegenden Übersicht sollen einige Forschungsvorhaben des Instituts behandelt werden, die unserer Meinung nach für die Praxis von Interesse sind.

Der größte Holzverbraucher ist heute die Zellstoff- und Papierindustrie, die sich laut entsprechender Prognosen auch in absehbarer Zeit rasch weiterentwickeln wird. Die Welterzeugung an Holzzellstoff hat bereits 100 Mio t überschritten und übertrifft damit das Produktionsvolumen aller synthetischen Polymere. Aus diesem Grunde kommt jedem, wenn auch noch so geringem Erfolg im Hinblick auf auf eine effektivere Nutzung des Holzes in diesem Industriezweig eine gewaltige ökonomische Bedeutung zu. In vielen Ländern sucht man deshalb nach Wegen zur Erhöhung der Zellstoffausbeute aus dem Holz und zur vollständigeren Nutzung der Nebenprodukte aus dem Holz und zur vollständigen Nutzung der Nebenprodukte bei der Zellstoffherstellung.

Neben der Verbesserung des bekannten Sulfat- und Sulfitverfahrens zum Holzaufschluß werden Versuche unternommen, neue, wirksamere Verfahren zu entwickeln. Auch im Institut für Holzchemie werden derartige Arbeiten durchgeführt. Insbesondere wurde der sogenannte hydrotrope Aufschluß untersucht, bei dem die Delignifizierung des Holzes mittels konzentrierter Lösungen einer Reihe von Verbindungen, wie Na-Xylolsulfonat, Na-Cymolsulfonat, Na-Benzoat u. a. [3], bewerkstelligt wird. Die wichtigste Besonderheit des hydrotropen Aufschlußverfahrens, wodurch es sich von den gegenwärtig praktisch angewandten Verfahren unterscheidet, besteht darin, daß das Aufschlußmittel chemisch nicht mit den Holzbestandteilen reagiert und unendlich oft wiederverwendet werden kann. Dazu muß es von Zeit zu Zeit, nach 5 bis 6 Kochungen, von dem gelösten Lignin und anderen Holzinhaltsstoffen befreit werden. Das Lignin fällt nach Verdünnen der Kochflüssigkeit mit der 4- bis 5fachen Wassermenge aus. Nach dem Entfernen des Lignins und dem Aufkonzentrieren durch Eindampfen kann die Lösung wieder für neue Kochungen eingesetzt werden.

Die Kochflüssigkeit, z. B. eine 35- bis 40%ige Lösung von Na-Xylolsulfonat, reagiert neutral, wodurch beim Aufschluß die Polysaccharide weniger abgebaut werden und die Zellstoffausbeute 50 bis 56% und mehr beträgt. Allerdings setzen die bei den hohen Aufschlußtemperaturen (150 bis 160 °C) aus dem Holz freiwerdenden organischen Säuren den pH-Wert der Flüssigkeit auf 4 bis 3,5 herab und wirken als Katalysatoren für hydrolytische Prozesse, die zu einem Festigkeitsabfall des Zellstoffs bis zu den entsprechenden Kennwerten von Sulfitzellstoff führen. Nach unseren Erfahrungen läßt sich die Festigkeit des Zellstoffs wesentlich erhöhen, indem man die hydrotrope Kochflüssigkeit mit alkalischen Mitteln puffert [4].

Ein wichtiger Vorzug des hydrotropen Verfahrens besteht darin, daß außer dem Zellstoff auch noch Lignin mit relativ hoher Reaktionsfähigkeit anfällt. Entsprechende Untersuchungen ergaben, daß letzteres mit Erfolg bis zu 50% des Phenols in Phenol-Formaldehyd-Plasten ersetzen kann [5], ferner kann es zur Herabsetzung der Viskosität von Bohrlösungen, als Bindemittel u. a. m. eingesetzt werden. Außerdem können beim hydrotropen Verfahren auch noch die Pentosane zu Furfurol verarbeitet und die anfallenden organischen Säuren einer Verwertung zugeführt werden. Besonders wichtig unter den heutigen Bedingungen ist, daß das hydrotrope Aufschlußverfahren, im Vergleich zu den bekannten Verfahren, eine erheblich geringere Abwasserbelastung und überhaupt keine Umweltbelastung darstellt. Der Prozeß wurde nicht nur unter Laborbedingungen untersucht, sondern auch auf einer speziell entwickelten Versuchsanlage geprüft. Dabei ergab sich, daß es prinzipiell möglich ist, dieses Verfahren in der Industrie zu realisieren. Entwickelt wurde eine Reihe von Varianten der Aufschlußtechnologie, z. B. mit Vorhydrolyse und Pufferung der Kochflüssigkeit. Bis jetzt weist das Verfahren aber noch einige Mängel und ungeklärte Fragen auf, die seine Einführung in die Industrie hindern.

Ein Nachteil sind die relativ hohen Chemikalienkosten, die mit der Entfernung von Zuckern und anderen gelösten Holzbestandteilen verbundenen Schwierigkeiten, die etwas niedrigere Festigkeit des Zellstoffs im Vergleich zu Sulfat- und nach dem Bisulfitverfahren erhältlichen Zellstoffen. Effektiv läßt sich der hydrotrope Aufschluß nur für die Delignifizierung von Laubholz und Einjahrespflanzen einsetzen.

Wir meinen jedoch, daß diese Mängel entweder beseitigt werden können oder nicht in allen Fällen von entscheidender Bedeutung sind, so daß es sich lohnt, in dieser Richtung weiter zu arbeiten.

Ein weiteres Verfahren zur Zellstoffgewinnung, das im Institut bearbeitet wird, ist der Salpetersäureaufschluß. Sein Wesen besteht in der Behandlung des Holzes mit Salpetersäure sowie der anschließenden Entfernung der beim oxydativen Abbau und der Nitrierung des Lignins anfallenden Produkte mit Alkalilösung. Obwohl dieses Verfahren schon sehr lange bekannt ist, hat es aus technischen und ökonomischen Gründen noch keine breite Anwendung in der Praxis gefunden. Industriell am breitesten ist es in Deutschland eingesetzt worden, wo von 1937 bis 1947 aus Buchenholz ein hochwertiger Salpetersäurezellstoff mit hohem Gehalt an α-Cellulose hergestellt wurde [6].

In den letzten Jahren ist das Interesse an dem Salpetersäureverfahren erneut wach geworden, und zwar hauptsächlich deswegen, weil angenommen wird, daß es hilft, das Problem der Umweltverschmutzung durch die Zellstoffindustrie zu lösen.

Als wichtige Vorteile des Salpetersäureaufschlusses sind zu nennen die hohe Qualität des Zellstoffs, der mit höherer Ausbeute aus allen Holzarten erkocht werden kann, sowie die relativ einfache apparative Gestaltung, da die Kochung gewöhnlich bei Atmosphärendruck und nicht allzu hohen Temperaturen (50 bis 98 °C) durchgeführt wird. Sehr wichtig ist auch die Möglichkeit der Verwendung der Ablaugen als mineralisch-organischer Stickstoffdünger. Aus den verbrauchten

Kochlaugen lassen sich aber auch Nebenprodukte gewinnen, so z. B. 236 kg Nitrolignin je t gebleichten Nadelholzzellstoffs oder 28,5 kg Oxalsäure und 39 kg Essigsäure je t gebleichten Birkenzellstoffs [7]. Dieses Verfahren bietet also die Möglichkeit einer rationellen Ausnutzung des Holzes bei einer im Prinzip abfallfreien Technologie.

Die Schwierigkeiten bei der Realisierung des Salpetersäureverfahrens hängen mit der Notwendigkeit des Einsatzes von starker Salpetersäure zum Aufschluß, die relativ teuer ist und bei der Kochung verbraucht wird, sowie des Abfangens und Verwertens oder Vernichtens der Stickoxide und anderer flüchtiger Produkte zusammen. Ferner werden die Hackschnitzel relativ schwer von der Salpetersäure durchtränkt. Um diesen Prozeß zu intensivieren, aber auch weitere technologische Aufschlußparameter zu optimieren, müssen die Kenntnisse durch entsprechende Forschungen erweitert werden.

Gegenwärtig werden in unserem Institut die Reaktionen der Salpetersäure mit dem Holz, die Delignifizierungskinetik, die Eigenschaften des Salpetersäurezellstoffs und andere Seiten des Prozesses untersucht. Die Parameter des technologischen Prozesses werden an einer Versuchsanlage überprüft. Feldversuche zum Anbau von mehrjährigen Gräsern und von Gemüse unter Einsatz von Ablaugen des Salpetersäureaufschlusses ergaben die gleiche Ertragssteigerung, wie vergleichbare Mengen an Ammonnitrat und Harnstoff [8]. Ebenfalls beteiligt ist das Institut an Untersuchungen zu verschiedenen Varianten des Sauerstoff-Alkali-Aufschlusses und anderer Delignifizierungsverfahren, die in anderen Forschungseinrichtungen der UdSSR bearbeitet werden.

Im Zusammenhang mit der klar ausgeprägten Tendenz einer Steigerung der Zellstoffausbeute, indem man mehr Hemicellulosen und Lignin in den Zellwänden beläßt, wird die Frage nach dem Einfluß dieser Komponenten auf die Zellstoffeigenschaften immer vordringlicher. In dieser Richtung werden in unserem Institut Untersuchungen zur Topochemie der Delignifizierungsprozesse, zur Morphologie der nach unterschiedlichen Verfahren aufgeschlossenen Zellstoffasern, zur Stabilisierung der Polysaccharide gegenüber Säurehydrolyse [9] und zur Sorption der Hemicellulosen durch die Cellulose und deren Einfluß auf die Zellstoffeigenschaften durchgeführt.

Bearbeitet werden ferner Fragen der übermolekularen Struktur der Cellulose und der Hemicellulose, des Aufbaues der Lignin-Kohlehydrate-Matrize [10], der Natur der Lignin-Kohlehydrat-Bindungen [11], der Bindungen zwischen den Fibrillen und Fasern [12] und deren Einfluß auf die Eigenschaften der Cellulosematerialien. Die in unserem Institut durchgeführten Untersuchungen zur chemischen Modifizierung der Cellulose bzw. ihrer Umwandlung in eine polyfunktionelle Verbindung legten den Grund für eine neue originelle Richtung der Entwicklung physiologisch aktiver Stoffe mit Depotwirkung auf Cellulosebasis. In diesem Zusammenhang wurden zahlreiche Möglichkeiten zur Cellulosemodifizierung durch Einführung von Halogenatomen, Acetat-, Acetyl-, Carboxyl-, Säurechlorid- und anderen Gruppen geprüft. An die nunmehr in wasserlöslicher Form vorliegenden

Cellulosemoleküle konnten chemisch Arzneistoffe gebunden werden. Als Beispiel sei ein wirksames Anästhetikum mit Depotwirkung genannt, das Celnovocain [13]. Seine Synthese erfolgt durch Umsetzung von Celluloseglykolsäure mit dem β-Diäthylaminoäthylester der p-Aminobenzoesäure nach folgendem Schema:

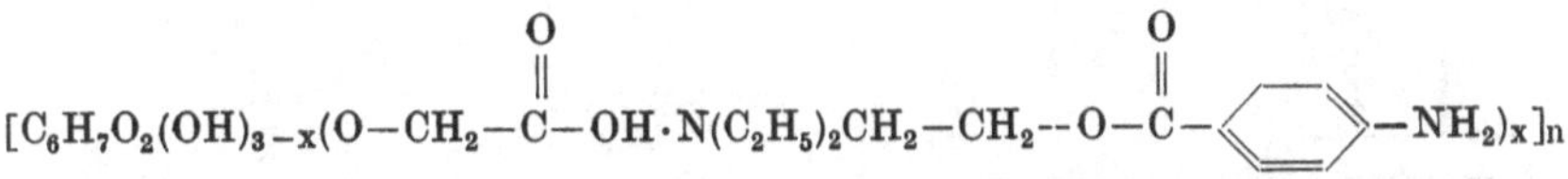

Dabei kann x 75 bis 100 betragen, n 30 bis 120. Hinsichtlich seiner anästhetischen Wirksamkeit übertrifft es das Novocain um das 4- bis 6fache, bezüglich der Wirkungsdauer um das 3- bis 5fache. Gleichzeitig ist es weniger toxisch als Novocain. Das Präparat wird bereits in der medizinischen Praxis eingesetzt.

Durch Anlagerung von Pilocarpin (1-Methyl-5-[5-oxo-4-äthyl-tetrahydrofuryl-(3)-methyl]imidazol) an Celluloseglykolsäure konnte ein wirksames Mittel gegen den grünen Star gewonnen werden, das Celucarpin [14]:

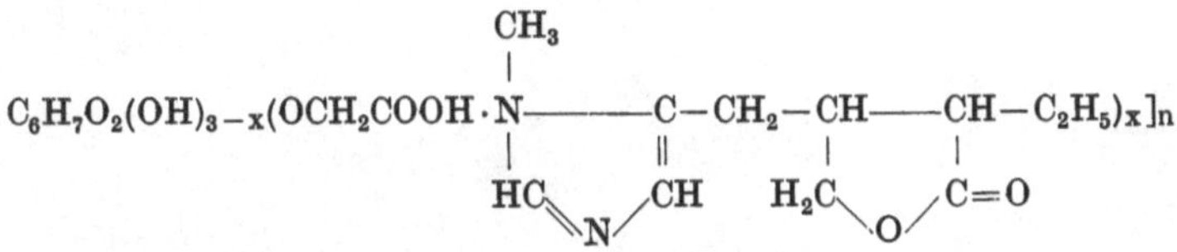

Die umfangreiche klinische Erprobung ergab, daß es sein monomeres Analogon in der myotischen Aktivität um das 2- 4fache übertrifft, seine Wirkungsdauer ist anderthalb bis doppelt so lang. Auf Cellulosebasis sind noch weitere Präparate mit prolongierter Wirkung entwickelt worden.

Die Sowjetunion wird mit Recht als die Heimat der Hydrolysenindustrie angesehen, die in der UdSSR einen erheblichen Umfang einnimmt. So werden durch Hydrolyse von Holz und landwirtschaftlichen Abfällen etwa 30 Mio dal Äthanol und über 430 Tausend t Futterhefen erzeugt (1975, einschließlich der entsprechenden Produktion in den Zellstoff- und Papierbetrieben) [15]. Die Hydrolysenindustrie liefert Furfurol, Zucker, Xylit, Lävulinsäure und viele andere wertvolle Produkte. Die industrielle Hydrolyse wird heute hauptsächlich mit verdünnter Schwefelsäure (0,5- bis 0,8%ig) bei 170 bis 190 °C unter Druck in diskontinuierlichen Anlagen durchgeführt. Die Hydrolyse liefert eine 2,5- bis 3,5%ige Zuckerlösung, wobei die Ausbeute an Zuckern 40 bis 50% des eingesetzten Rohstoffs beträgt. Wegen des großen Eiweißmangels ist die Hauptrichtung der Hydrolysenindustrie gegenwärtig die Gewinnung von Futterhefe. In unserem Institut laufen seit Jahren Untersuchungen zur Verbesserung des Hydrolysenprozesse pflanzlicher Rohstoffe. Dabei ist das Hauptaugenmerk auf den Einsatz von konzentrierter Schwefelsäure als Katalysator bei minimal möglichem Verbrauch gerichtet. Dieses Ziel läßt sich erreichen, indem die Säurebehandlung mit einer mechanischen Einwirkung in Kalandern, Schneckenpressen oder ähnlichen Anlagen kombiniert wird, wodurch eine gleichmäßigere Verteilung der geringen Säuremenge im Material begünstigt und gewissermaßen ein mechano-chemischer Abbau der Polysaccharide realisiert wird.

Entwickelt wurde in unserem Institut das sogenannte „Rigaer Hydrolyseverfahren", das in seiner letzten Variante die Hydrolyse in Schneckenapparaten vorsieht, die eine spezielle Vorrichtung zur Verstärkung der mechanischen Einwirkung auf

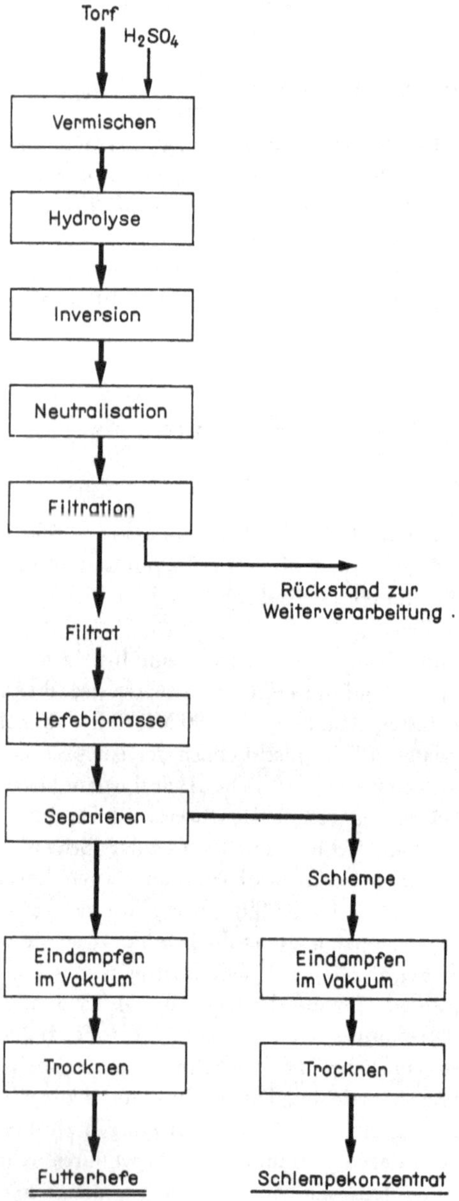

Abb. 1 Prinzipschema der Futterhefeerzeugung aus Torf

den Rohstoff und die Intensivierung des mechano-chemischen Abbaus der Polysaccharide in der Hauptreaktionszone enthalten [16].

Erfolgreich abgeschlossen sind gemeinsam mit dem Torfinstitut der AdW der BSSR, dem Forschungsinstitut für Chemieanlagen in Irkutsk und anderen Stellen durchgeführte Versuche zum Einsatz der oben genannten Technologie und Anlage für die Verarbeitung von wenig zersetztem Torf, um Melasse oder Futterhefe zu gewinnen, wie das schematisch in Abbildung 1 dargestellt ist.

Der Hydrolyserückstand läßt sich zu organisch-mineralischem Dünger in Granulatform verarbeiten, wodurch die komplexe Ausnutzung des Rohstoffs gewährleistet und eine abfallfreie Technologie gegeben ist. Die hauptsächlichen Vorzüge dieses Verfahrens sind die kontinuierliche Fahrweise und Automatisierung, die Verkürzung der Haupthydrolyse von 2 bis 4 h auf 30 bis 40 s, die erhöhte Ausbeute an wertvollen Produkten, höhere Konzentration der anfallenden Zuckerlösungen, Verringerung der Umweltbelastung und eine rentable Produktion bei relativ geringem Volumen von 30 bis 50 Tausend t Rohstoff jährlich. Die wichtigsten technisch-ökonomischen Kennwerte dieses Verfahrens zeigt Tabelle 1. In Ab-

Tabelle 1
Technisch-ökonomische Kennwerte der Futterhefeerzeugung aus Torf

Kennwerte	Maßeinheit	Menge
Produktausbeute je t atro Torf		
Futterhefe (Feuchtegehalt 10%)	kg	225
Schlempekonzentrat (Feuchtegehalt 10%)	kg	225
Verbrauchskennwerte je t Futterhefe		
Torf (Feuchtegehalt 40%)	t	7,8
Schwefelsäure (92,5%ig)	t	0,72
Ammoniak (25%ige Lösung)	t	0,54
Kalk	t	0,42
Superphosphat	t	0,27
Kaliumchlorid	t	0,05
Elektroenergie	kWh	2250
Dampf zur Torftrocknung	Gcal	2,3
Dampf für die Torfhydrolyse und das Eindampfen der Hefesuspension	Gcal	2,0
Frischwasser	m^3	10,5
Rücklaufwasser	m^3	740,0
Heizöl für technologische Zwecke	t	0,55
Verbrauchskennwerte je t Schlempekonzentrat		
Elektroenergie	kWh	960
Dampf für technologische Zwecke	Gcal	3,6
Heizöl für technologische Zwecke	t	0,55
Rücklaufwasser	m^3	300

bildung 2 ist die im Institut errichtete Versuchsanlage mit einer Leistung von 1000 kg Rohstoff je h abgebildet.

Wie entsprechende Untersuchungen ergaben, enthalten die Hydrolysate von wenig zersetztem Torf biologisch aktive Stoffe, weshalb sie als wirksame Wachstumsstimulatoren in der Hefeerzeugung eingesetzt werden können. Das mechanochemische Hydrolyseverfahren läßt sich erfolgreich auch für die Verarbeitung solcher Rohstoffe wie Sägemehl und Cellolignin anwenden. Cellolognin fällt bekannt-

Abb. 2 Versuchsanlage zur Torfhydrolyse

lich bei der partiellen Hydrolyse von Holz oder anderem pflanzlichem Rohstoff zur Gewinnung der Hemicellulosepolysaccharide an. Besondere Beachtung verdient die mögliche Verarbeitung mittels mechano-chemischer Hydrolyse des bei der Furfurolgewinnung zurückbleibenden Cellolignins, z. B. nach dem in Abbildung 3 gezeigten Schema. Bei der Herstellung von Furfurol, insbesondere im

Falle von kontinuierlichen Anlagen, wird die Struktur des Rohstoffs mechanisch zerstört, was seine weitere Verarbeitung mittels der üblichen Perkolationshydrolyse erschwert, andererseits aber gerade einen begünstigenden Faktor für das mechanochemische Verfahren darstellt.

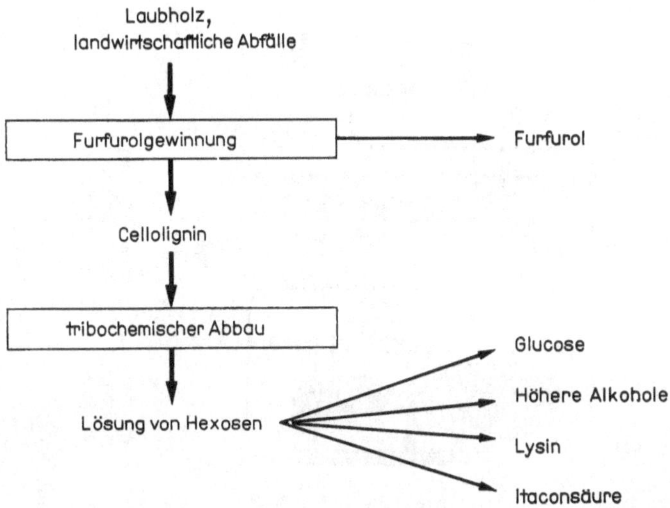

Abb. 3 Schema der Verarbeitung von Laubholz und landwirtschaftlichen Abfällen

Gewisse Erfolge konnten in unserem Institut im Hinblick auf die Verbesserung der Herstellungstechnologie von Furfurol erreicht werden. Die Welterzeugung dieses wertvollen Stoffs, der nicht nur als Lösungsmittel eingesetzt wird, sondern auch als Ausgangsstoff zur Herstellung von Plasten und Synthesefaserstoffen, Lacken, Farben, Arzneimitteln und Chemikalien für die Landwirtschaft dient, hat bereits 200 Tausend t jährlich erreicht und steigt rasch weiter.

Der Hauptnachteil des gegenwärtig angewandten einstufigen Verfahrens zur Furfurolherstellung aus Holz und landwirtschaftlichen Abfällen, bei dem die Hydrolyse der im Rohstoff vorhandenen Pentosane zu Pentosen und deren Dehydration zu Furfurol gleichzeitig in einer Anlage erfolgen, besteht in der niedrigen Furfurolausbeute, die etwa 55% der theoretischen ausmacht, und in dem beträchtlichen Abbau der Cellulose, wodurch die weitere Verarbeitung des Celloligninrückstandes erschwert ist.

Mit Hilfe einer neuen theoretischen Betrachtung des Bildungsmechanismus des Furfurols und der Ausarbeitung einer Theorie der differentiellen Katalyse der nacheinander ablaufenden Hydrolyse der Pentosane und der Dehydration der Pentosen zu Furfurol unter der Einwirkung von Essigsäure, aber auch geringer Mengen an konzentrierter Schwefel- oder anderer Säuren sowie von Salzen als Katalysatoren wurde im Institut eine neue Technologie zur Furfurolherstellung entwickelt [17]. Die differenzierte Katalyse ermöglicht es, die Bedingungen für jede der beiden

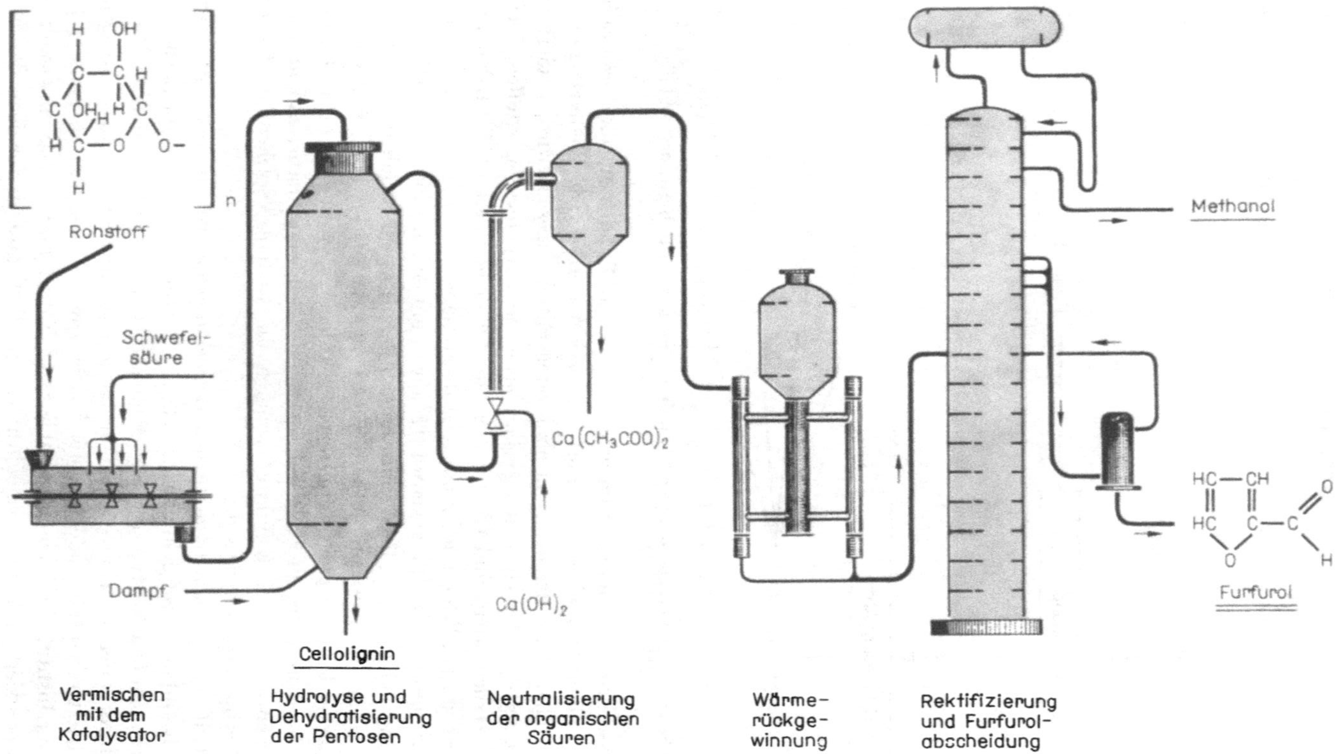

Abb. 4 Prinzipschema der Furfurolgewinnung aus pflanzlichen Rohstoffen

Reaktionen – Hydrolyse der Pentosane und Deydratation der Pentosen – auch dann zu optimieren, wenn beide gleichzeitig in einer Anlage ablaufen. Schematisch ist das in Abbildung 4 dargestellt. Auf diese Weise ließ sich die Furfurolausbeute auf 70% der theoretischen erhöhen und gleichzeitig der Celluloseabbau auf 1 3 bis 1 5 reduzieren. Diese Technologie ist bereits in die Industrie überführt und als Lizenz auch an eine ausländische Firma verkauft.

Gemeinsam mit dem Forstinstitut der Lettischen SSR beschäftigen sich die Mitarbeiter unseres Instituts ebenfalls mit der Entwicklung eines Verfahrens und einer Anlage zur Furfurolgewinnung durch Pyrolyse von Sägeabfällen und Laubreiserholz bei niedriger Temperatur [18]. Neben Furfurol wird bei diesem Verfahren auch noch Essigsäure gewonnen. Die Frage nach der Verwertung derartiger Abfälle ist von großer volkswirtschaftlicher Bedeutung, da in der Sowjetunion jährlich 3,6 bis 4,3 Mio t anfallen [19].

Abb. 5 Pilotanlage zur Herstellung von Lävoglucosan

Eine der im Institut bearbeiteten Richtungen im Hinblick auf die Verwertung des bei der Furfurolherstellung anfallenden Cellolignins ist dessen Thermolyse, um Lävoglucosan und andere wertvolle Produkte zu gewinnen. Gemeinsam mit dem Institut für organische Chemie der AdW der UdSSR wurden die theoretischen Grundlagen der Gewinnung von Lävoglucosan aus Cellolignin oder Cellulose durch Thermolyse in überhitztem Dampf im Vakuum erarbeitet [20]. Auch hier wird das Holz komplex genutzt, indem Furfurol, Zucker, flüchtige Säuren erzeugt werden. In der ersten Stufe lassen sich aus Laubholz 10% Furfurol, 6% Essigsäure und 8% Futterhefe gewinnen (bezogen auf das trockne Ausgangsmaterial). Bei der anschließenden Thermolyse des Cellolignins fällt neben Lävoglucosan auch Teer an, der, wie aus Untersuchungen hervorgeht, mit Erfolg als Farbstoff für Wolle und Synthesefaserstoff, als Gerbstoff und als Hilfsmittel in der Gießerei eingesetzt werden kann. Der Verkohlungsrückstand läßt sich zu Aktivkohle verarbeiten. Dabei beträgt die Ausbeute an Lävoglucosan 14 bis 16%, an Teer 12% und an Aktivkohle 10% des Cellolignins. Die Gesamtausbeute an verwertbaren Produkten macht etwa 60% der organischen Holzsubstanz aus.

Im Institut ist eine Pilotanlage mit einem Durchsatz von 100 kg/h Rohstoff errichtet (Abb. 5), an der die entsprechende Technologie entwickelt wird.

Gleichzeitig laufen Untersuchungen mit dem Ziel einer rationelleren Nutzung des Lävoglucosans. Letzteres enthält als β-1,6-Anhydroglucopyranose

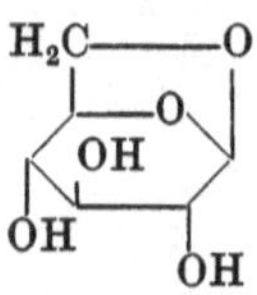

eine zur Ringöffnung befähigste Anhydrostruktur und drei reaktionsfähige Hydroxylgruppen und bietet sich damit als sehr aussichtsreiches Monomer für die organische Synthese an. So läßt es sich insbesondere als Ausgangspunkt für die Herstellung von unterschiedlich gebauten Oligomeren und Polymeren einsetzen [21]. Durch Öffnung des 1,6-Anhydrorings gelang mittels kationischer Polymerisation die Synthese hochmolekularer stereoregulärer Polysaccharide: Polytrimethyllävoglucosan, Polytriäthyllävoglucosan, Polytriacetyllävoglucosan mit α-1,6-Bindung zwischen den Elementargliedern. Dargestellt wurden auch Copolymere von Äthern des Lävoglucosans mit α-Oxiden, Oxetanen, Tetrahydrofuran u. a. Gelungen ist ferner die Synthese von Polyäthern und Polyestern des Lävoaglucosans, von chlor- und phosphorhaltigen Oligoestern mit unterschiedlichsten Eigenschaften. Oligo- bzw. Polyäther und -ester des Lävoglucosans lassen sich in Kombination mit Isocyanaten zur Herstellung von starren Schaumpolyurethanen, Polyurethanüberzügen und Klebstoffen verwenden. Auf der Grundlage von Polyäthern des Lävoglucosans sind bereits Epoxidharze hergestellt worden.

Der Einsatz von Lävoglucosan in Polymerkompositionen verleiht diesen eine erhöhte Wärmebeständigkeit und Starrheit. Außerdem kann es das zur Herstellung von Polyäthern dienende Glycerin ersetzen, das gegenwärtig aus Nahrungsrohstoffen oder Erdölverarbeitungsprodukten gewonnen wird.

Große Bedeutung kommt der Suche nach Wegen zur rationellen Verwertung eines der Hauptbestandteile des Holzes, nämlich dem Lignin, zu. Dieses macht bis zu 30% der Holzmasse aus und besitzt aromatische Natur. Trotz aller Anstrengungen und zahlreicher Vorschläge zu seiner Verwertung ist es bis heute noch nicht gelungen, Lignin einer umfassenden chemischen Verarbeitung zuzuführen. In der UdSSR mit ihrer entwickelten Hydrolyseindustrie fallen in den Betrieben etwa 900 Tausend t Lignin als Abfall an, dessen rationelle Verwertung eine wichtige Forderung darstellt [22], zu deren Lösung auch bei uns große Anstrengungen unternommen werden.

Im Institut für Holzchemie werden umfangreiche Untersuchungen über Aufbau und Eigenschaften von nativem sowie den verschiedensten technischen Ligninen durchgeführt und neue Verfahren zur praktischen Verwertung entwickelt.

Starke Beachtung wurde der Erhöhung der Reaktionsfähigkeit des Lignins durch Einführung neuer funktioneller Gruppen oder durch partiellen Abbau mit dem Ziel einer Zerstörung der starren Ligninstruktur und Erhöhung der Reaktionsfähigkeit infolge verminderter Abschirmung der funktionellen Gruppen gewidmet.

Einen Weg zu einer solchen Aktivierung kann die Chlorierung darstellen [23], bei der nicht nur Chlor in das Ligninmolekül eingeführt wird, sondern auch eine

Abb. 6 Pilotanlage für die rasche Thermolyse von pflanzlichen Rohstoffen

Erhöhung des Gehaltes an Carbonyl-, Carboxyl- und Hydroxylgruppen zu verzeichnen ist. Die auf diese Weise erhältlichen Chlorlignine reagieren leicht mit stickstoffhaltigen Verbindungen, so daß sich Aminogruppen bzw. Amidgruppierungen einführen lassen. Eine Reihe derartiger Aminolignine wies eine erhöhte Sorptionsfähigkeit auf.

Aufgrund von Untersuchungen zur Oxypropylierung von Hydrolyselignin bzw. Lignosulfonaten bot sich die Möglichkeit, ein Verfahren zu entwickeln, mit dessen Hilfe der Gehalt an hochreaktionsfähigen Hydroxylgruppen im Lignin bis auf 19% erhöht werden kann [24]. Durch Umsetzung von oxypropylierten Ligninen mit Di- und Polyisocyanaten entstehen Polyurethane, die sich zu hochwertigen Schaumstoffen und Möbelbezügen verarbeiten lassen. Interessant sind auch Untersuchungen über Reaktionen des Lignins mit elementorganischen Verbindungen (Methylchlorsilane, Äthyldichlorsilane u. a.) [25].

Ein effektiver Weg zur Verwertung des Hydrolyselignins kann auch dessen thermische Behandlung mittels rascher Thermolyse sein, eine entsprechende Variante dieses Verfahrens ist ebenfalls in unserem Institut ausgearbeitet worden [26]. Danach erfolgt die Thermolyse in einem Strom eines heißen Wärmeträgers (Rauchgase) bei 450 bis 550 °C. Entwickelt wurde ein Reaktor vom Zyklontyp, in dem Ligninteilchen (0,3 bis 3,0 mm Durchmesser) über die für die Thermolyse erforderliche Zeit (8 bis 10 s) in der turbulenten Strömung bei rascher Abführung der Gasphase in der Schwebe gehalten werden. Abbildung 6 zeigt eine Pilotanlage für einen stündlichen Durchsatz von 100 kg Rohstoff. Als Hauptprodukte fallen bei diesem Verfahren an: fester Rückstand (35 bis 45% des eingesetzten Lignins), der zu Aktivkohle verarbeitet werden kann, Absetzteer (8 bis 12%) mit einem Gesamtgehalt an Phenolen von etwa 50%, schließlich löslicher Teer (4 bis 11%), der als aussichtsreiches Ausgangsmaterial zur Herstellung von Gießereihilfsmitteln dienen kann.

Eine aussichtsreiche Richtung der Verwertung von Holzabfällen (Lignin) stellt auch die Gewinnung von Oxalsäure durch Oxydation dar. Im Institut durchgeführte Untersuchungen ergaben, daß diese ein ausgezeichnetes Produkt für die Synthese von Polyesterurethanen ist [27]. Es konnten neue Verfahren zur Synthese von linearen und verzweigten aliphatischen Oligo- und Polyestern auf Oxalsäurebasis sowie die Technologie zur Herstellung entsprechender Polyesterurethane ausgearbeitet werden. Letztere lassen sich zu Faserstoffen, Folien und Schaummaterialien verarbeiten.

Die Herstellung eines Oligoesters aus Oxalsäure, Glycerin und Diäthylenglykol (Oligodiäthylenglykoloxalat, RIANOL-2) durch Polykondensation ist bereits industriell gelöst. In der Überführung befindet sich auch eine Technologie zur Herstellung von starren Schaumpolyurethanen auf der Basis dieses Esters (RIPOR-2), die als Wärme- und Schallisolationsmaterialien, Dichtungen und im Bauwesen eingesetzt werden sollen. Vor den gegenwärtig noch angewendeten Oligostern auf Adipinsäurebasis besitzt RIANOL-2 folgende Vorzüge: geringere Kosten, da die Oxalsäure um ein Drittel billiger ist als Adipinsäure, niedrige Viskosität und

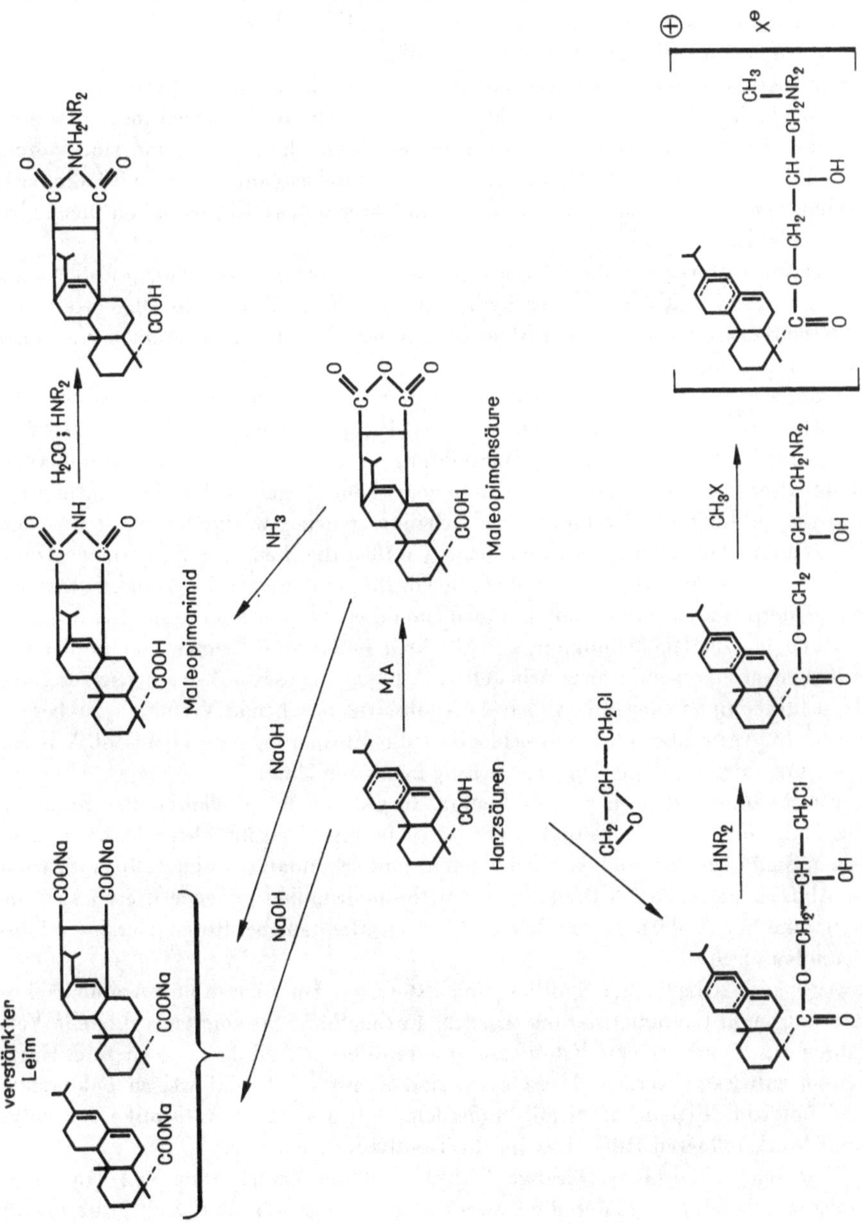

Abb. 7 Umwandlungen der Harzsäuren bei der Herstellung verschiedener Produkte (schematisch)

gute Verträglichkeit mit Polyisocyanaten, wodurch sich Erzeugnisse aus Schaumpolyurethanen komplizierter Konstruktion und entsprechende Überzüge durch Aufsprühen auf beliebige Flächen herstellen lassen.

Im Institut ist ferner eine Technologie zur Herstellung eines Oligoesters auf Basis von Tallöl, einem Nebenprodukt der Herstellung von Sulfatzellstoff, entwickelt worden. Bei dem Tallöl handelt es sich um ein Gemisch von Fett- und Harzsäuren. Durch Kombination von Oligoestern auf Oxalsäurebasis mit denen auf Tallölbasis lassen sich starre Schaumpolyurethane mit wertvollen Eigenschaften herstellen (RIPOR-12).

Gezeigt wurde auch die Möglichkeit der Erzeugung von Fäden, Folien und Schaumplasten mit einstellbarer hydrolytischer Beständigkeit aus Oligoestern auf Oxalsäurebasis, die z. B. in der Medizin und als Verpackungsmaterialien eingesetzt werden können.

Interessante Ergebnisse wurden bei Untersuchungen über die Extraktivstoffe des Holzes erhalten. Diese Arbeiten werden komplex durchgeführt und erstrecken sich von der Untersuchung der Harzbildung und -abscheidung, der Stimulierung dieser Prozesse auf chemischem oder biologischem Wege bei der Harzzapfung bis zur Entwicklung von Verfahren zur Gewinnung neuer wertvoller Stoffe aus den Harzsäuren. Auf Grund von Untersuchungen über die chemische Zusammensetzung des Terpentins und die Diensynthese der in ihm enthaltenen Harzsäuren (tricyclische Diterpenmonocarbonsäuren) mit dienophilen Stoffen konnte im Institut eine Technologie zur Herstellung eines verstärkten Leims zum Leimen von Papier unmittelbar aus Terpentin ausgearbeitet werden [28]. Dieses auf der Umsetzung der Terpentinkomponenten mit Maleinsäureanhydrid beruhende Verfahren ist bereits in die Industrie überführt und ermöglicht die Einsparung von 30 bis 40% Kolophonium, verglichen mit dem gegenwärtig benutzten Harzleim.

Zu erwähnen ist auch ein im Institut ausgearbeitetes Verfahren zur Synthese des Maleopimarsäureimids und seiner Derivate unter Einsatz solcher leicht zugänglichen Stoffe wie Ammoniak, Formaldehyd und sekundärer Amine [29] (s. Schema in Abb. 7). Salze von N-Dialkylaminomethylmaleopimarimiden erwiesen sich als wirksame Fungizide, z. B. zur Bekämpfung des Mehltaus bei Rosen, Gerste und anderen Kulturen.

Aber auch Arbeiten zur Synthese von Estern aus Harzsäuren und Aminoalkoholen und deren Charakterisierung wurden durchgeführt. So konnten originelle Verfahren zur Synthese von Estern aus quaternisierten Aminoalkoholen und Harzsäuren entwickelt werden. Diese Ester sind wasserlöslich und weisen bakterizide und fungizide Eigenschaften auf, außerdem stellen sie gute Antistatika für polymere Werkstoffe und Hilfsmittel für die Textilindustrie dar.

Eine sehr entwicklungsträchtige Richtung ist die Verarbeitung von Holz und anderen pflanzlichen Materialien zwecks Gewinnung von Zuckern, Futtereiweiß sowie zur Wertsteigerung von Holz und Stroh als Grobfutter in der Viehzucht mit Hilfe der fermentativen Hydrolyse. Entsprechende Untersuchungen sind in unserem Institut aufgenommen worden.

Erwähnt werden sollen noch Arbeiten, die bereits vor längerer Zeit im Institut ausgeführt wurden, ihre Bedeutung aber bis heute noch nicht verloren haben. Dabei handelt es sich um die Verwertung der Grünmasse des Holzes (Nadeln, Blätter, Zweige) zur Gewinnung eines vitaminreichen Mehls als wertvollen Futterzusatz in der Vieh- und Geflügelzucht. Dieses Mehl enthält Carotin, Vitamin E, Spurenelemente, Phytonzide und andere wertvolle Bestandteile. Bei einem Zusatz zum Futter von 5% dieses Mehls wird die Produktivität in der Tierzucht mindestens um 10% und in der Geflügelzucht um über 50% gesteigert [30]. Gegenwärtig wird in der UdSSR in über 200 Betrieben ein derartiges Mehl aus der Grünmasse des Holzes produziert, wobei die Technologie ständig verbessert wird.

Eine erhebliche Bedeutung wird im Institut Fragen der Modifizierung und Veredlung des Holzes sowie der Verbesserung seiner biologischen und Flammbeständigkeit beigemessen.

Untersuchungen zur plastifizierenden Wirkung von Ammoniak und einigen anderen Verbindungen auf das Holz führten zur Ausarbeitung mehrerer Varianten der Holzmodifizierung mittels Plastifizierung mit Ammoniak und Verdichtung, wodurch die Dichte des Holzes erheblich erhöht sowie die physikalisch-mechanischen und einige andere Eigenschaften verbessert werden konnten. Die Produktion von derart modifiziertem Holz, LIGNAMON, bietet die Möglichkeit, wertloses Laub- und Nadelholz als Austausch für mangelndes Hartholz oder auch als selbständigen Werkstoff für die Herstellung von Parkett, in der Möbelindustrie, für Musikinstrumente, Sportgeräte, Formmodelle, Maschinenteile usw. einzusetzen [31]. Dabei können Dichte und andere Eigenschaften des LIGNAMONs je nach dem Einsatzgebiet variiert werden. Gegenwärtig läuft in einem Möbelbetrieb eine Versuchsanlage, in der LIGNAMON auf Erlenholzbasis erzeugt und in der Möbelherstellung eingesetzt wird. Das in unserem Institut entwickelte Verfahren bildete die Grundlage für die Errichtung einer Pilotanlage zur LIGNAMON-Herstellung in der ČSSR.

Außerdem laufen im Institut Arbeiten zur Modifizierung von Holz mit Polymeren unter Einsatz von strahlungschemischen und thermochemischen Verfahren zur Polymerisation der entsprechenden Monomere.

Im Institut sind neue wirksame fäulnishemmende und Flammschutzmittel sowie Kombinationspräparate entwickelt worden, die sich durch nur geringe Toxizität für den Menschen auszeichnen [32]. Zu nennen sind solche Präparate für den biologischen Schutz des Holzes, wie MEBOR (enthält Kupferverbindungen, Borsäure, Ammoniumsulfat), das modifizierte Präparat MB-1 und BOROLIT (Ammoniumtetrafluorborat, Natriumbichromat, sekundäres Natriumarsenat). Die genannten Mittel werden bereits technisch hergestellt und bringen hohen volkswirtschaftlichen Nutzen.

Nicht unerwähnt bleiben soll zum Schluß der große Beitrag des Instituts auf wissenschaftsorganisatorischem Gebiet, insbesondere zur Koordinierung der Forschung auf dem Gebiet der Holzchemie, die Durchführung wissenschaftlicher Tagungen, Seminare, Symposien und Schulen zu entsprechenden Problemen sowie die Herausgabe der Zeitschrift „Chimija drevesiny“ („Holzchemie“).

Literatur

[1] VASIL'EV, P. V.: Wald und Holz in der Zukunft. Moskau 1973, S. 34.

[2] GOLDSTEIN, Y. S.: Chem. engn. News **53** (1975) 16, S. 13.

[3] GROMOV, V. S.: Komplexe Verarbeitung von Laubholz zu Zellstoff und aktivem Lignin durch hydrotropen Aufschluß. In: Technologie der Halbzellstoffherstellung. Moskau 1960, S. 3.

[4] GROMOV, V. S., CHROL JU. S., KALNIN'Š, A. JA. und ODINCOV, P. N.: Hydrotropes Verfahren der Zellstoffherstellung. SU-US 191 346, 1965.

[5] ZOLDNERS, JU. und KALNIN'Š, A. JA.: Izv. Akad. Nauk LatSSR. Ser. chim. (1964) 2, S. 243.

[6] BAYER, L. A.: Zellstoff u. Papier (1955) 8, S. 233.

[7] COX, L. A. und WORSTER, H. E.: Tappi **54** (1971) 11, S. 1890.

[8] GROMOV, V. S., ZEMITE, A. P., OSMANIS. V. A. und CHROL, JU. S.: Verwertung der Ablaugen des Salpetersäureaufschlusses von Holz als Stickstoffdünger. Thesen der Vorträge der II. Republikskonferenz. Riga, Zinatne 1976, S. 101.

[9] GROMOV, V. S., TREJMANIS, A. P., PURINA, L. T. und CHROL, JU. S.: Izv. Akad. Nauk LatSSR (1977) 6, S. 25; TREJMANIS, A P., GROMOV, V. S. und KAMPUSE, A. A.: Chimija drevesiny (1975) 4, S. 22—29; FREJBERG, A. K. und GROMOV, V. S.: Chimija drevesiny (1974) 2, S. 26.

[10] ĖRIN'Š, P. P.: Chimija drevesiny (1977) 1, S. 8.

[11] ARONČIK, B. M., KREJCBERG, Z. N. und SERGEEVA, V. N.: Chimija drevesiny (1977) 1, S. 55.

[12] REJZIN'Š, R. E. und ČERNJAVSKAJA, S. A.: Mechanische Kennwerte individueller Fasern von Holzzellstoff. In: Thesen der Vorträge der I. Unionstagung zur Cellulosechemie und -physik. Riga 1975, Band 2, S. 108.

[13] PORMALE, M. JU., KAŠKINA, N. A., KALKIN'Š, A. JA. u. a.: SU-US 255 236, 1968; 512 765, 1970.

[14] PORMALE, M. JA., KAŠKINA, N. A., KALNIN'Š, A. JA. u. a.: SU-US 303 880, 1969.

[15] Gidroliz. lesotech. Prom. (1976) 2, S. 1.

[16] VEDERNIKOV, N. A., KRASTIN'Š, V. P., ABELE, K. M., KALNINJA, A. JA. und SAVEL'EVA, T. G.: Holzverarbeitungsprodukte für die Landwirtschaft. Teil 2. Riga, Zinatne 1973, S. 5.

[17] VEDERNIKOV, N. A., ODINCOV, P. N., KALNIN'Š, A. JA. und KAL'NINA, V. K.: SU-US 151 683, 1962; DB-PS 1 493 864, 1973; KALNINSH, A. J. and VEDERNIKOV, N. A.: Appl. Polymer Symp. (1975) 28, S. 125—130.

[18] KUL'KEVIC, A. JA. und ALSUPS, I. A.: Izv. Akad. Nauk Lat SSR (1967) 3, S. 65.

[19] KALNIN'Š, A. JA.: Izv. Akad. Nauk LatSSR (1976) 9, S. 3.

[20] KALNIN'Š, A. JA., SERGEEVA, V. II., PROCHOROV, A. V., ALSUP, I. A., BISENIECE, S. K., GOLOVA, O. P., MAKSIMENKO, N. S., ĖPŠTEIN, JA. V. und MINAKOVA, V. I.: SU-US 167 856, 1969.

[21] PERNIKOV, R. JA.: Oligomere und Polymere auf der Basis von Zuckeranhydriden. Riga, Zinatne 1976, S. 176.

[22] ĖPŠTEIN, JA. V., ACHMINA, E. I. und RASKIN, M. N.: Chimija drevesiny (1977) 6, S. 24.

[23] MOŽEJKO, L. N., GROMOVA, M. F., SERGEEVA, V. N. und JAUNZEMS, V. R.: Chimija drevesiny (1975) 1, S. 43.

[24] Sergeeva, V. N., Telyševa, G. M., Pankova, R. E. und Lebedeva, G. N.: Chimija drevesiny (1977) 1, S. 83.
[25] Sergeeva, V. N., Možejko, L. N., Balcere, D. Ju. und Gromova, M. F.: Chimija drevesiny (1976) 3, S. 79.
[26] Dubava, L. K., Ziemelis, U. K., Domburg, G. E., Berzinja, I. Ju., Pajča, V. P. und Luksa, R. V.: Chimija drevesiny (1978) 3, S. 53.
[27] Alksnis, A. F. u. a.: Polyester der Oxalsäure. Riga, Zinatne 1975, 232.
[28] Kalninsh, A., Svikle, D. und Zandersons, Y.: Verstärkte Papierleime aus Kiefernbalsam. Zellstoff u. Papier (1972) 4, S. 115.
[29] Svikle, D. Ja. und Prikule, A. Ja.: Derivate der Maleopimarsäure. Izv. Akad. Nauk LatSSR, Ser. chim. (1978) 5, S. 593.
[30] Kalnin'š, A. Ja.: Chimija drevesiny (1977) 6, S. 5.
[31] Berzin'š, G. V.: Izv. Akad. Nauk LatSSR, Ser. chim. (1973) 11, S. 63.
[32] Ermuš, N. A., Kaufman, B. A., Kalnin'š, A. Ja., Apine, I. V., Mangale, M. Ch., Gorb, S. I.: Holzverarbeitungsprodukte für die Landwirtschaft. Teil 3. Riga, Zinatne 1973. S. 24; Ermuš, N. A., Pastor, N. K., Kalnin'š, A. Ja., Kaufman, B. A.: a. a. O., S. 31.

F. Fischer

Oxidationsreaktionen von Ligninen

1. Einführung

Lignin-Makromoleküle reagieren mit sehr unterschiedlichen Oxidationsmitteln auf recht vielfältige Weise. Um eine gewisse Ordnung in das sonst schwierig zu überschauende Geschehen zu bringen, hat man sich daran gewöhnt, die Oxidationsreaktionen der Lignine entsprechend dem Grad des Ligninabbaues zu unterteilen [1]:

a) Abbau zu aromatischen Säuren.

Diese Reaktionen sind von besonderer Bedeutung sowohl für die Charakterisierung des Lignin-Moleküls als auch für die Herstellung aromatischer Zwischenprodukte aus den Ablaugen der Zellstoffindustrie. Die bevorzugten Oxidationsmittel sind hier molekularer Sauerstoff, Nitrobenzol, Metalloxide und Permanganat. Die Oxidationsprodukte sind in statu nascendi sehr reaktiv, lassen sich z. B. mit NH_3 weiter umsetzen, wodurch sich aus der Sicht der Ligninverwertung neue Möglichkeiten eröffnen.

b) Abbau der aromatischen Ringe zu aliphatischen Dicarbonsäuren.

Diese Reaktionen spielen besonders bei technischen Bleichverfahren für Zellstoff und Holzstoff eine Rolle. Es handelt sich hierbei um Oxidationsreaktionen mit starken Oxidationsmitteln wie Chlor und Chlordioxid, Hydroperoxidanionen und Salpetersäure sowie Anionen der Chlor- und Hypochlorsäure.

c) Oxidationsreaktionen an bestimmten funktionellen Gruppen der Lignine.

Hierunter sind einige außergewöhnliche Oxidationsreaktionen zusammengefaßt, die zur Strukturaufklärung und Analyse konkreter funktioneller Gruppen genutzt werden. Als Oxidationsmittel werden z. B. Perjodsäure und Alkali-Peroxide eingesetzt.

Ehe nachfolgend auf die unter a) und b) genannten Oxidationsreaktionen näher eingegangen wird, sei noch einiges über die Reaktivität der Lignine in Abhängigkeit von der morphologischen Differenzierung der Zellwand und von Strukturänderungen im Verlaufe von Delignifizierungsprozessen gesagt.

Wenn man untersuchen will, wie Lignine in ihrer natürlichen Umgebung reagieren, dann ist es notwendig, die morphologische Differenzierung des Ligninanteils und der Ligninbindung an die Kohlenhydrate in der Wand der verholzten Zelle zu kennen. Bei näherer Betrachtung einer Koniferen Tracheide lassen sich

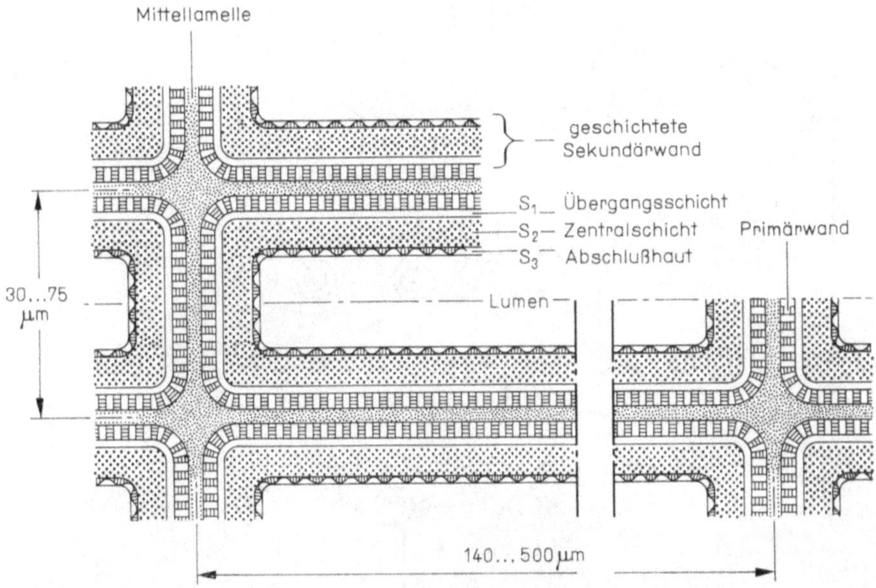

Abb. 1 Schematische Darstellung des Aufbaus einer verholzten Koniferen Zelle

drei Bereiche ausmachen: die Mittellamelle, die Primärwand und die Sekundärwand. Aus der unterschiedlichen UV-Absorption dieser Bereiche kann auf den jeweiligen Ligninanteil geschlossen werden [2]. In der Sekundärwand ist zwar die Ligninkonzentration am geringsten, aber weil die Sekundärwand den Hauptanteil

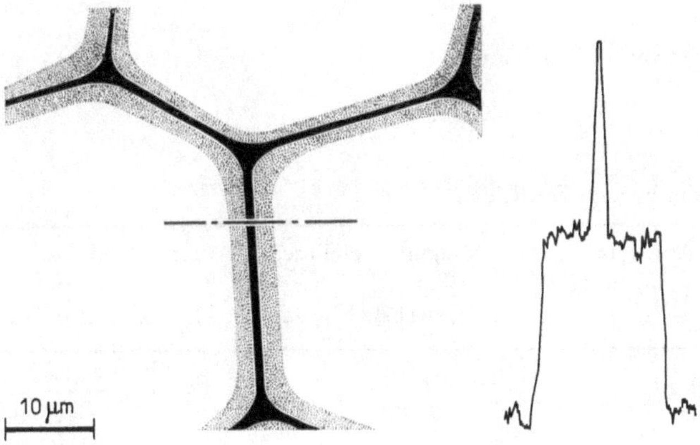

Abb. 2 UV-Absorption entlang der Schnittlinie (— - — - —) durch eine Koniferen-Zellwand: f (c_{Lignin}) [2]

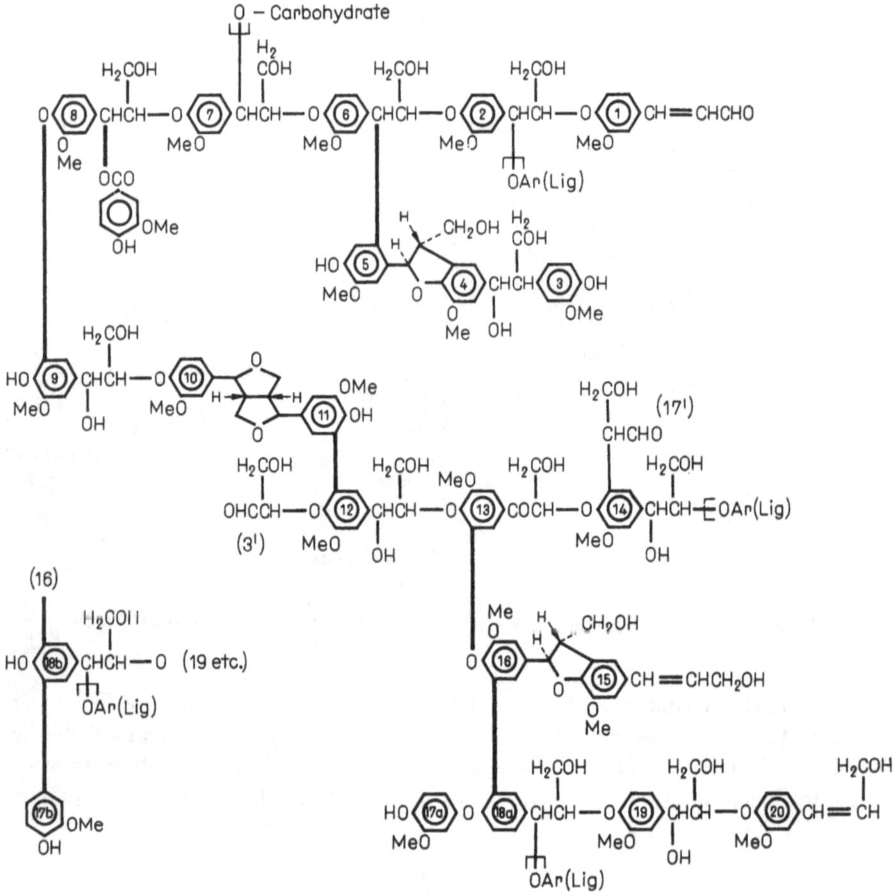

Abb. 3 Struktur des nativen Fichtenlignins [5]

Tabelle 1
Verteilung des Lignins in Fichten-Tracheiden

Morphologische Differenzierung	% Anteil am Gesamtgewebe	Lignin (Cellulose) % im Gewebeteil	Lignin (Cellulose) % des(r) Gesamt-Lignins	Gesamt- (-Cellulose)
Sekundärwand	94	22 (55)	81	(99)
Mittellamelle (enger Bereich)	4	60 (25)	10	(1)
Mittellamelle (Ecken)	2	100	9	

am Gesamtgewebe ausmacht, ist hier auch das meiste Lignin gebunden. Die Ligninkonzentration nimmt über die Primärwand zur Mittellamelle hin stark zu, so daß trotz des wesentlich geringeren Anteils der Mittellamelle am Gesamtgewebe, verglichen mit der Primärwand, beide Bereiche doch etwa den gleichen Prozentsatz von Gesamtlignin enthalten [3].

In der Mittellamelle liegen Lignine ohne nennenswerte Bindung an Kohlenhydrate vor, in der Primärwand bilden Lignine mit Hemicellulosen Symplexe von amorpher Struktur und in der Sekundärwand werden die Lignin-Hemicellulose-Symplexe durch ihre Bindung an Cellulose von deren in relativ hohem Maße geordneten übermolekularen Strukturen soweit beeinflußt, daß sich zumindest im Hemicellulose-Anteil quasi geordnete Bereiche ausbilden.

Man hat zeigen können, daß Reaktionen am nativen Lignin von der Sekundärwand her zur Mittellamelle hin voranschreiten, beginnend mit der Spaltung der Lignin-Hemicellulose-Bindung [4]. Bei Delignifizierungs-, solvolytischen, speziell hydrolytischen u. a. Reaktionen kommt es zudem zu Veränderungen in der Struktur des nativen Lignins.

Bleiben wir weiterhin beim Beispiel des Fichtenlignins und behalten die hier zu untersuchenden Oxidationsreaktionen im Auge, dann können wir uns bei diesen Strukturveränderungen auf einige wenige Beobachtungen beschränken, wie Änderungen des Anteils der freien phenolischen OH-Gruppen, der CO-, HOOC-, Chinon-Funktionen, der 5-Ringäther und Auftreten von Substitutionsreaktionen.

Im nativen Lignin trägt jede dritte Phenylpropaneinheit eine freie phenolische OH-Gruppe [5], das solvolytische gewonnene DMSO-Lignin ist dem ähnlich, weist aber infolge Methyläther-Spaltungen einen in geringem Maße erhöhten Anteil an freien phenolischen OH-Gruppen auf [6].

Nach dem Sulfataufschluß hat sich der Anteil der freien phenolischen OH-Gruppen verdoppelt (Methyläther-Spaltung), es treten Carbonyl-, Carboxyl-Funktionen

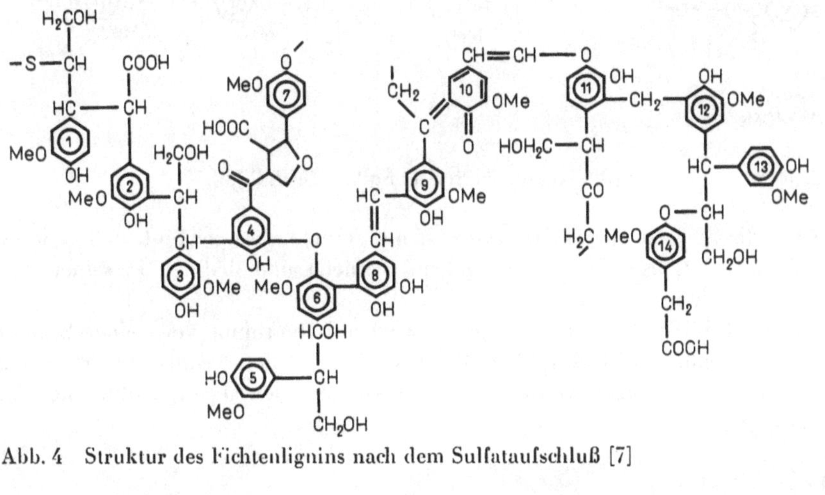

Abb. 4 Struktur des Fichtenlignins nach dem Sulfataufschluß [7]

und Chinonstrukturen, was auf einen gewissen oxidativen Abbau schließen läßt, sowie SH-Gruppen in nennenswertem Ausmaß auf [7].

Nach dem Sulfitaufschluß enthält das Lignin-Makromolekül keine 5-Ringäther mehr, dagegen aber in erheblichem Umfange Sulfosäure-Gruppen, vorwiegend am Benzyl-Kohlenstoffatom der Phenylpropaneinheiten [8].

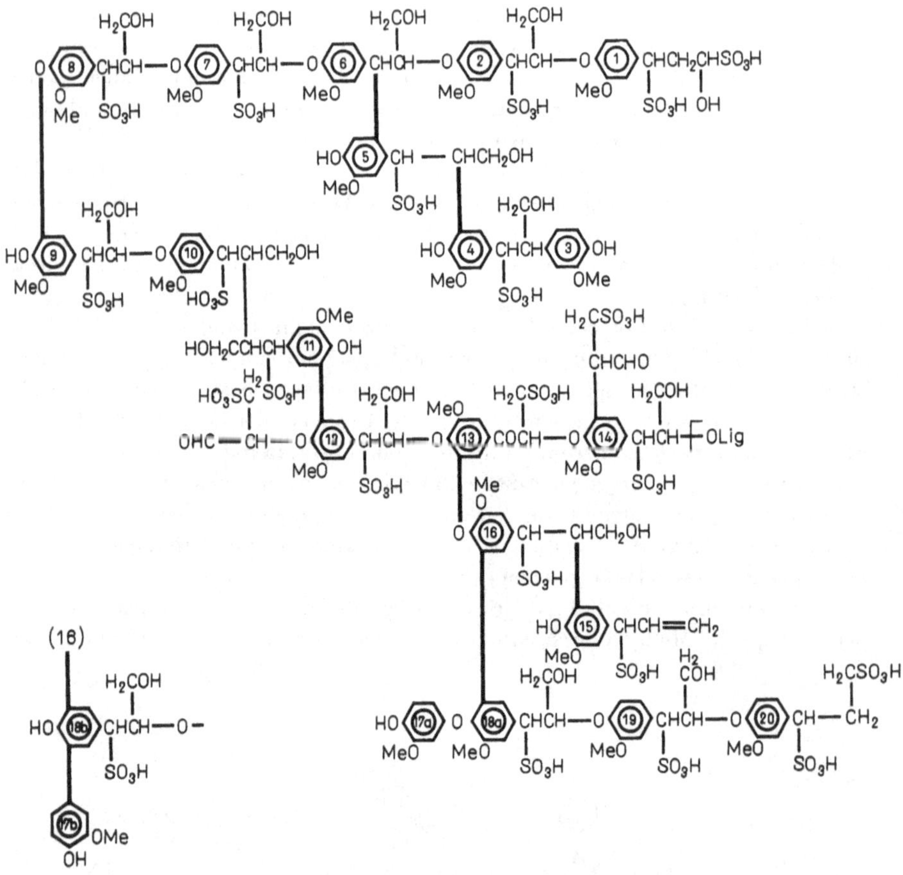

Abb. 5 Struktur des Fichtenlignins nach dem Sulfitaufschluß [8]

Über die Struktur des Säurelignins ist nur soviel sicher bekannt, daß es infolge von Kondensationsreaktionen weitgehend vernetzt und dadurch in seiner Reaktivität stark eingeschränkt ist.

Die Reaktivität des nativen Lignins wird also bestimmt von seiner Situation in der Zellwand; die Reaktivitäten der nach Durchlaufen technischer Prozesse gewonnenen Lignine aber werden bestimmt von den jeweiligen strukturellen Veränderungen.

2. *Reaktionsabläufe bei der Oxidation von Ligninen*

Seit fast fünfzig Jahren weiß man, daß Lignine im alkalischen Medium (2-normale NaOH-Lösung) mit Luftsauerstoff oxidiert werden können. Bei Raumtemperatur bereits löst sich natives Lignin unter Verlust von Methylgruppen teilweise. Unter drastischen Bedingungen (200 °C und 5,6 MPa) wird sogar von Hydrolysenlignin kontinuierlich Sauerstoff absorbiert, bis nach 16 Stdn. alles Lignin gelöst ist. Die wichtigsten Oxidationsprodukte sind unter diesen Bedingungen: Essigsäure, Oxalsäure, Ameisensäure und Phenylpentacarbonsäuren. Etwa zwanzig Jahre später ist gezeigt worden, daß ein solch' weitgehender Abbau bei geringerer Temperatur und geringerem Druck vermieden und in zehnprozentiger Ausbeute reines Vanillin dadurch erhalten werden kann, daß entweder Fichtenholz oder Sulfitablauge bei 170 °C und 0,7 bis 1,2 MPa Druck mit Luftsauerstoff behandelt werden. Eine Übertragung dieser Oxidationsmethode auf Alkalilignin ist prinzi-

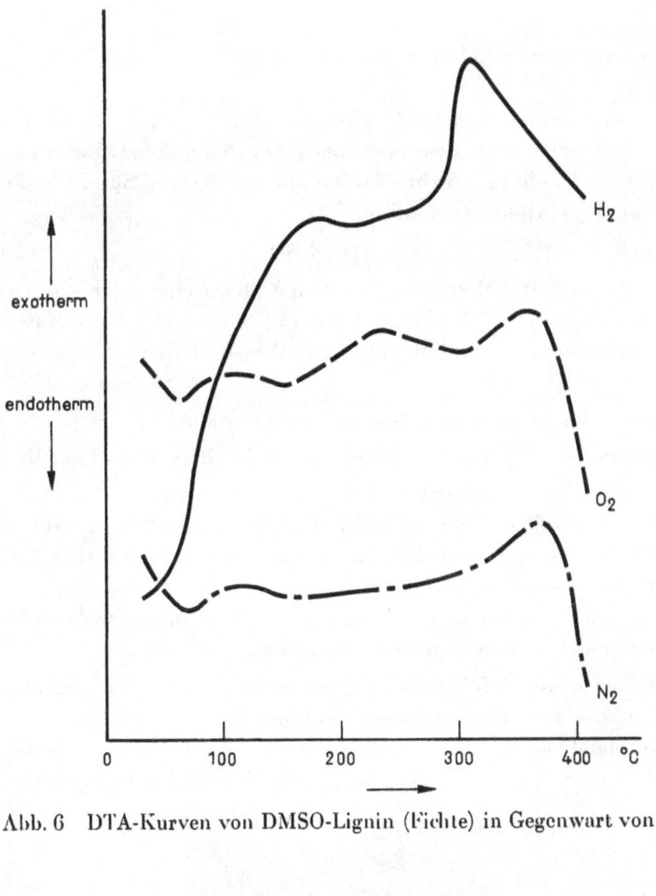

Abb. 6 DTA-Kurven von DMSO-Lignin (Fichte) in Gegenwart von N_2, O_2, H_2

piell möglich, aber erfordert doch Modifikationen im Detail [9]. Offensichtlich wird der Reaktionsverlauf von der Temperatur, dem Oxidationsmittel, den strukturellen Gegebenheiten und dem pH-Wert bestimmt.

2.1. Temperaturoptimum

DTA-Untersuchungen an DMSO-Lignin (Fichte), das, wie bereits erwähnt, dem nativen Lignin in etwa vergleichbar ist, ergeben aufschlußreiche Befunde bezüglich der Reaktivität in Gegenwart verschiedener Gase [10]. In einer Stickstoff-Atmosphäre beobachtet man zunächst einen endotherm ablaufenden Vorgang (Erweichung) um 100 °C und 150 °C und eine verstärkt exotherme Reaktion (Aufspaltung) um 400 °C. Mit Wasserstoff treten in beiden Bereichen stark exotherme Abläufe auf (Hydrocrack-Reaktionen). In Gegenwart von Sauerstoff aber ist zusätzlich ein exothermer Kurvenverlauf zwischen 150 °C und 230 °C zu erkennen. In diesem Bereich haben wir das Temperaturoptimum für Oxidationsreaktionen.

2.2. Der Einfluß von Oxidationsmittel und Struktur

Die Reaktion von Ligninen mit Sauerstoff wird als ein zweistufiger Elektronenübergang beschrieben [11], der radikalisch oder ionisch beginnen kann. Beim ionischen Ablauf erfordert die Bindung zwischen Carbanion und O_2 eine Spininversion eines der Elektronen am O_2 (Triplett-Zustand).

$$R^- + O_2 \rightleftharpoons [R\cdot\uparrow\cdot O_2{}^-\uparrow] \rightleftharpoons [R\cdot\uparrow\cdot O_2{}^-{}_\downarrow] \rightleftharpoons R-O-O^-$$

Es treten zwei Typen von Initialreaktionen auf, die gleichzeitig oder nacheinander ablaufen können, da z. B. bei der Behandlung mit Sauerstoff im alkalischen Bereich durch Autoxidation von Endiolstrukturen Wasserstoffperoxid gebildet wird:

a) Elektrophile Reaktion des molekularen Sauerstoffs am Carbanion

b) Nucleophile Reaktion des Hydroperoxid-Anions an konjugierten Doppelbindungs-Systemen oder Carbonyl-Strukturen.

Dabei reagiert der Sauerstoff an Zentren hoher und das Wasserstoffperoxid an Zentren geringerer Elektronendichte, die in den phenolischen und enolischen Ligninstrukturelementen abwechselnd aufeinander folgen.

Die zweite Stufe verläuft je nach den Bedingungen sehr variabel, wobei aber doch zwei Grundtypen von Reaktionen unterschieden werden können:

- Sauerstoff als Oxidationsmittel führt zu Fragmentierungsreaktionen und auch zur Bildung chromophorer Strukturen (o- und p-Chinone)
- Wasserstoffperoxid baut solche chromophoren Strukturen ab ohne nennenswerte Fragmentierungsreaktionen und bildet mit Doppelbindungssystemen Epoxide.

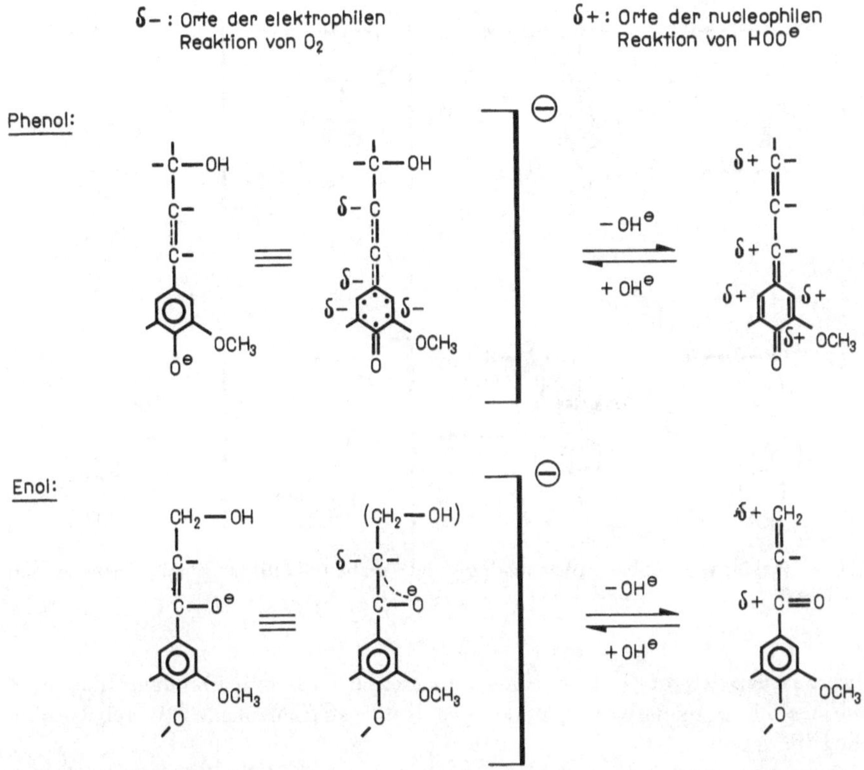

Abb. 7 Strukturelle und polare Voraussetzungen in Ligninbausteinen für die Initialreaktionen mit O_2 und HOO^-

In Abbildung 8 ist der Verlauf oxidativer Fragmentierungsreaktionen an phenolischen (1) und carbonylhaltigen (2) Lignineinheiten mittels Sauerstoff dargestellt. Als Zwischenstufe sollen dabei Dioxetan-Strukturen auftreten [12]. Dieser Formulierung gegenüber noch etwas Zurückhaltung übend, ist die zweite Stufe des Elektronenüberganges hier lediglich markiert. Da in der Ligninsulfosäure das Auftreten phenolischer, im Sulfatlignin das carbonylhaltiger Lignineinheiten typisch ist, haben wir eine plausible Erklärung dafür, daß ersteres zur Vanillinherstellung geeigneter ist.

Der Angriff des Sauerstoffs im Phenylring führt über ein Chinolhydroperoxid zu o-Chinon Abbildung 9 (1) bzw. über eine Fragmentierungsreaktion des Chinolhydroperoxides zu p-Chinon (2). Letztere Reaktion ist besonders typisch für Lignineinheiten mit einer Hydroxylgruppe in der Benzylposition.

Den Abbau von o-Chinon durch Wasserstoffperoxid zu einem aliphatischen

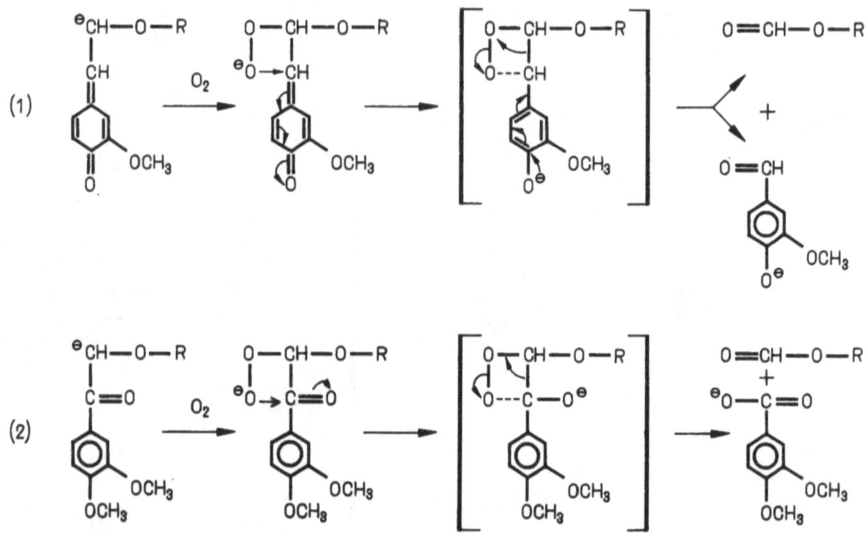

Abb. 8 Oxidativer Abbau phenolischer und carbonylhaltiger Ligninbausteine mit Sauerstoff

Dicarbonsäurederivat (1) bzw. einer konjugierten Carbonylverbindung über Epoxidringe unter oxidativer Spaltung der Kohlenstoffseitenkette (2) zeigt Abbildung 10.

Fragmentierungsprodukte und Epoxide, Chinone und konjungierte Carbonylstrukturen unterliegen weiteren Abbaureaktionen, und zwar neben oxidativen auch

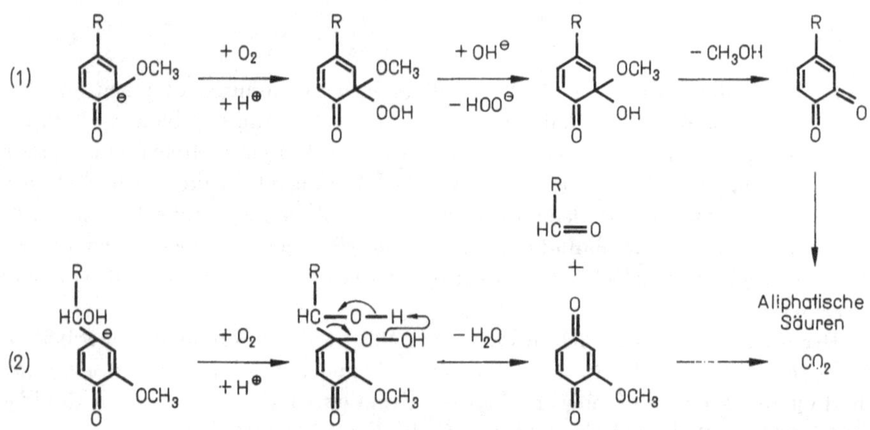

Abb. 9 Oxidative Bildung von o- und p-Chinon-Strukturen

solvolytischen und Ringschluß-Reaktionen. Zwei Beispiele dafür, ein Epoxid und ein o-Chion, sind in Abbildung 11 skizziert: Das Epoxid (1) geht nach Ringöffnung, Oxidation, Benzilsäureumlagerung, Decarboxylierung, Oxidation, Umlagerung, Methanolabspaltung und Decarboxylierung in eine γ-Ketosäure über. Das o-Chinon (2) wird entmethylisiert, in drei Schritten oxidiert, decarboxyliert und nach einer Cannizzaro-Reaktion in ein Furancarbonsäurederivat überführt.

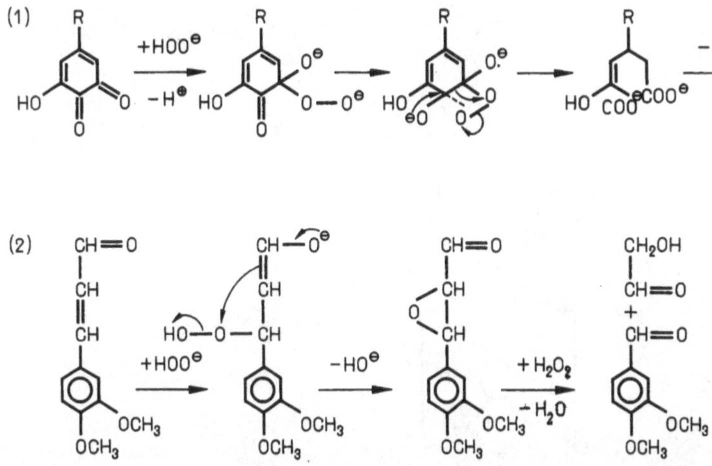

Abb. 10 Oxidationsreaktion mit Hydroperoxid

2.3. Der Einfluß des pH-Wertes

Viele eigene Beobachtungen sowie solche anderer Autoren weisen darauf hin und jüngste Untersuchungen [13] erhärten den Befund, daß Reaktionen, die am Benzylkohlenstoff ablaufen, pH-abhängig sind; genau gesagt, die Reaktionsgeschwindigkeitskonstante ist vom pH-Wert abhängig: K = f (pH) wird in Abbildung 12 zusammengefaßt.

Bei pH-Werten unter 3 bestimmen Kondensations-Reaktionen des Lignins das Geschehen. Zwischen 3 und 8,5 herrschen Substitutions- und Ätherspaltungs-Reaktionen vor. Über 8,5 wird die Reaktionsgeschwindigkeit durch die Anlagerungsreaktion an das Chinonmethid bestimmt. Nicht phenolische Lignineinheiten sind bei pH-Werten über 4 inert. Diese Beziehungen gelten für Temperaturen bis 120 °C. Es sei an dieser Stelle noch einmal an die Schlüsselstellung der Chinonmethid-Struktur bei den Initialreaktionen phenolischer Lignineinheiten mit Sauerstoff im alkalischen Medium (Abschnitt 2.2., Abb. 7) erinnert.

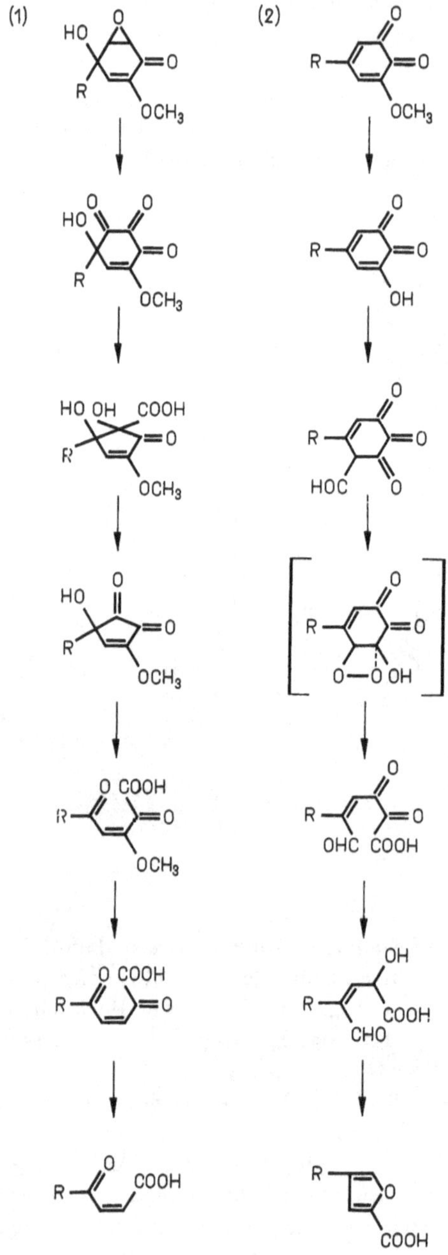

Abb. 11 Oxidativer Abbau von Zwischenstufen des Epoxid- und o-Chinon-Types

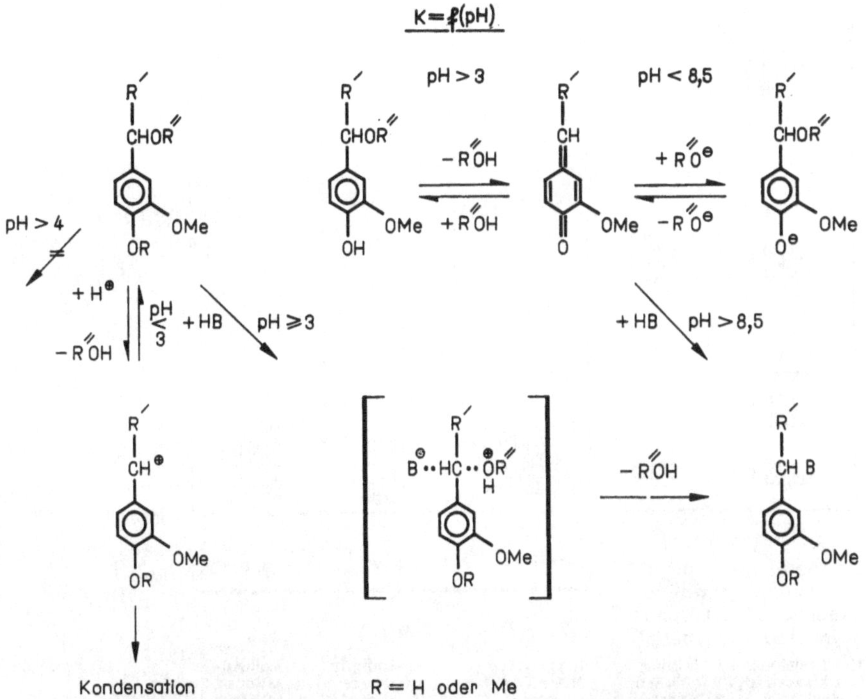

Abb. 12 Einfluß des pH-Wertes auf Reaktionen am Benzyl-Kohlenstoffatom

3. *Folgerungen aus den vorgestellten Reaktionsmechanismen für holzchemische Verfahren*

Die im Vorstehenden erläuterten Reaktionsmechanismen helfen nicht nur, bekannte Verfahren, wie z. B. Sauerstoff- bzw. Peroxid-Bleiche von Zellstoff oder Holzstoff, chemisch zu verstehen und somit auch zu optimieren, sie sind darüber hinaus geeignet, zur Auffindung neuer umweltfreundlicher Verfahren mit zugleich hohem Holzausnutzungsgrad anzuregen. In Abbildung 13 sind die Ergebnisse des Abschnittes 2. noch einmal grafisch in einer Übersicht dargestellt.

Nur für zwei klassische holzchemische Verfahren sollen die aus Abbildung 13 abgreifbaren Parameter untersucht werden: Die Holzhydrolyse mit Mineralsäuren verläuft zwischen 160 °C und 210 °C bei pH-Werten unter 1 mit langen Reaktionszeiten. Unter diesen Bedingungen aber ist erstens das zu gewinnende Produkt, die Glucose, instabil und zweitens geht das Lignin in chemisch schwierig weiterzuverarbeitende Kondensate über. Man muß also die Reaktionsparameter grundsätzlich verändern, wenn man die Stoffbilanz der Holzhydrolyse wesentlich verbessern will.

Es wurde schon erwähnt, daß beim Holzaufschluß nach dem Sulfatverfahren, dessen Stoffbilanz auch noch nicht optimal ist, das Lignin oxidativ verändert wird,

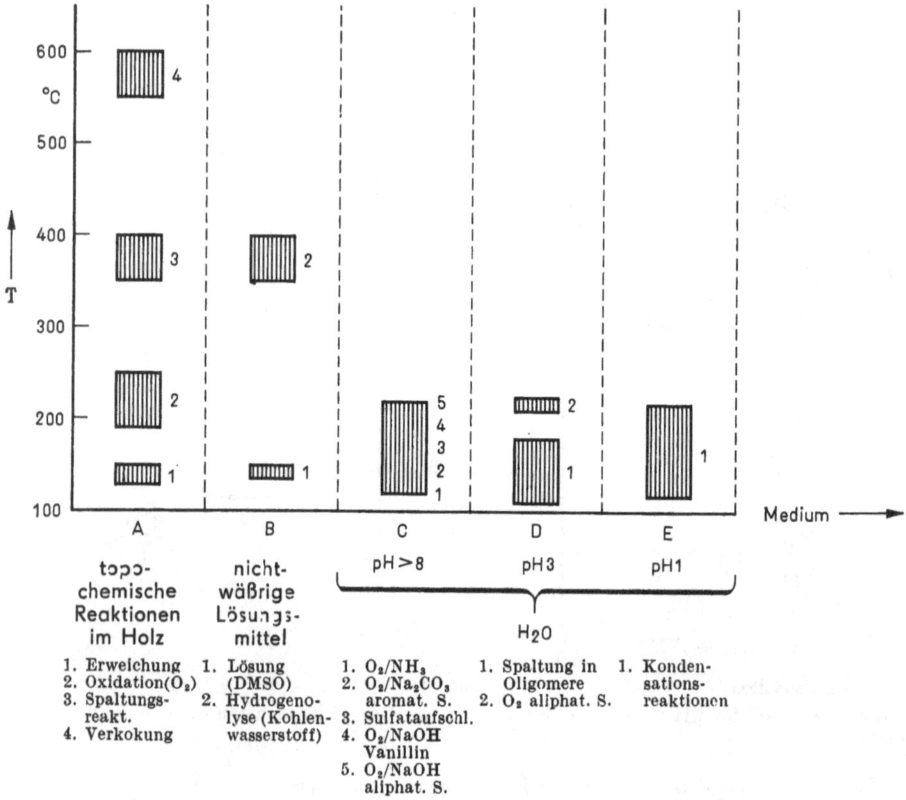

Abb. 13 Ligninreaktionen unter verschiedenen Bedingungen (Auswahl)

einfach deswegen, weil nicht unter Luftausschluß gearbeitet wird. Man kann leicht erkennen, daß der Temperaturbereich dieses Verfahrens zwischen denen liegt, die bei gezieltem Einsatz von Sauerstoff Lignin entweder zu aromatischen Säuren (bei tieferen Temperaturen) oder zu Vanillin (bei höheren Temperaturen) oxidieren.

Solche Betrachtungen führen zwanglos zu der Überlegung, ob nicht eine Holzhydrolyse bei kurzen Reaktionszeiten, höheren Temperaturen und höheren pH-Werten in Gegenwart von Sauerstoff bzw., ob nicht ein Holzaufschluß ohne Schwefel, aber alkalisch oxidativ unter Abbau des Lignins zu wasserlöslichen Produkten stoffwirtschaftlich günstiger ist.

Davon ausgehend, eröffnen sich zur Verbesserung holzchemischer Verfahren in stoffwirtschaftlicher Hinsicht zwei Wege:

3.1. Wertsteigernde Nutzung der ligninhaltigen Abprodukte klassischer Verfahren

Hier sei die von uns in den letzten Jahren intensiv untersuchte oxidative Ammonolyse von Ammoniumbisulfit-Ablauge als Beispiel genannt [14]. Wie aus der

Tabelle 2 hervorgeht, kommt es hierbei zu Kondensationsreaktionen und oxidativem Abbau unterschiedlichen Grades. Dementsprechend ist auch der Einbau von Stickstoff unterschiedlich. Bei Kondensationsreaktionen erfolgt dieser Einbau in erster Linie analog dem bei der Bildung von Huminsäuren [15], wobei mehr als 75% des Stickstoffs in heterocyclischer Form gebunden werden, vermutlich nach

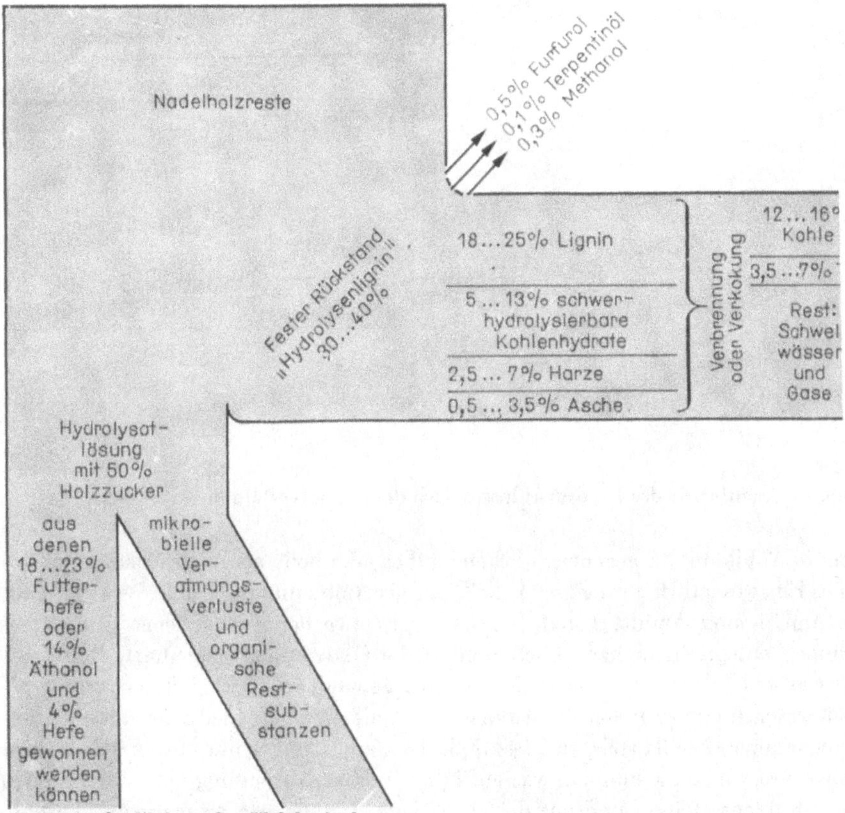

Abb. 14 Stoffbilanz der Holzhydrolyse

Tabelle 2
N-Verteilung nach der oxidativen Ammonolyse von Ammonium-bisulfit-Ablauge

Fraktion	% Anteil	% N-Gehalt	NH_4^+	davon Amid	cycl.	% Ges. N
Polymer	32	13	11	7	82	28
MG > 10 000			= Sulf. S			
Spaltprodukte	45	13	28	7	66	38
10 0000 > MG > 100			= $^1/_2$ Sulf. S			
Oxalat	8	23	100	–	–	13
Acetat, Formiat	3	20	100	–	–	4
Sulfat	12	21	100	–	–	17

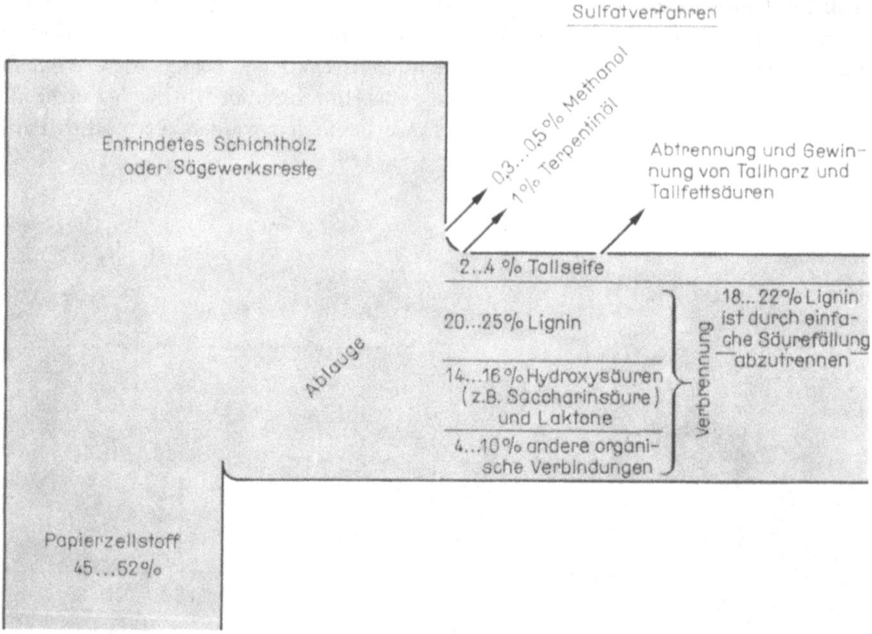

Abb. 15 Stoffbilanz des Holzaufschlusses nach dem Sulfatverfahren

dem in Abbildung 16 gegebenen Schema, über o-Chinone als Zwischenstufen ablaufend. Ein wesentlich geringerer Anteil liegt als Ammoniumstickstoff (> 10%) bzw. als Amino- und Amidstickstoff (< 10%) vor, etwa den vorhandenen Sulfosäuregruppen entsprechend bzw. über aliphatische Oxogruppen eingeführt. Beim oxidativen Abbau geht der Anteil des cyclisch gebundenen Stickstoffs erwartungsgemäß wesentlich zurück, der des Amino- und Amidstickstoffs bleibt konstant, der des Ammoniumstickstoffs steigt auf fast 30%. Letzterer ist aber nur etwa zur Hälfte an Sulfosäuregruppen gebunden, was auf hydrolytische Abspaltung von Sulfogruppen am α-Kohlenstoffatom und auf die bevorzugte Bildung von aromatischen Carbonsäuren hinweist. Dieser Befund wird noch gestützt durch das Auftreten entsprechender Mengen Oxalat-, Acetat-, Formiat- und Sulfatanionen gemäß den in Abschnitt 2. beschriebenen Reaktionsabläufen.

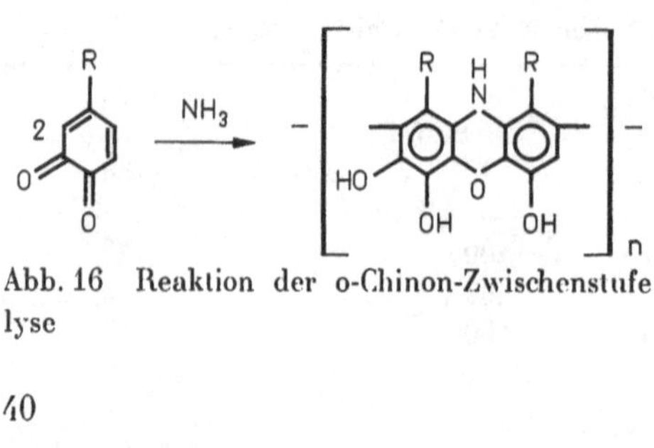

Abb. 16 Reaktion der o-Chinon-Zwischenstufe mit NH_3 bei der oxidativen Ammonolyse

Die oxidative Ammonolyse von Ammoniumbisulfit-Ablauge führt auf diese Weise zu einem mit Stickstoff angereicherten organischen Düngemittel, das infolge seiner Struktur nicht aus dem Boden ausgewaschen wird und das den Stickstoff je nach Bindungsart und damit je nach Verfügbarkeit in der Reihenfolge Ammonium-, Amid-, Amino-, heterocyclisch gebundener Stickstoff über mehrere Jahre hinweg abgibt (Langzeitdüngemittel) [16].

3.2. Prinzipiell neue Verfahrensentwicklungen

Vornehmlich aus der Temperatur- und pH-Abhängigkeit der Oxidationsreaktionen an Ligninen in wäßriger Lösung lassen sich optimale Bereiche für holzchemische Verfahren überhaupt voraussehen. Ein solcher Bereich sollte zwischen 110 °C und 210 °C sowie pH-Werten von 3 bis 9 liegen. Tatsächlich zeichnen sich innerhalb dieser Grenzen z. B. zwei Verfahrenswege ab:

- der schwefelfreie, alkalisch-oxidative Aufschluß von verholztem Pflanzenmaterial zur Zellstoffgewinnung [17]
- die oxidative Hydrolyse von verholztem Pflanzenmaterial [18, 19] zur Gewinnung von verhefbarer Biomasse.

Im ersten Beispiel wird Lignin unter Schonung der Cellulose oxidativ zu Säuren abgebaut. Auf diesem Wege genügend reine Phenolcarbonsäuren zur Polyesterherstellung zu erhalten, erscheint problematisch, weswegen sicher der weitere Abbau zu verhefbaren aliphatischen Mono- und Dicarbonsäuren zu bevorzugen ist.

Im zweiten Beispiel erfolgt eine dreistufige, exotherme, oxidative Hydrolyse der Gesamtphytomasse zu verhefbaren Kohlenhydraten und aliphatischen Carbonsäuren mit erheblichen Vorteilen gegenüber der klassischen Holz-Hydrolyse:

- geringer gesellschaftlicher Aufwand, da lediglich Druckluft, Wasser und Energie aufgebracht werden müssen

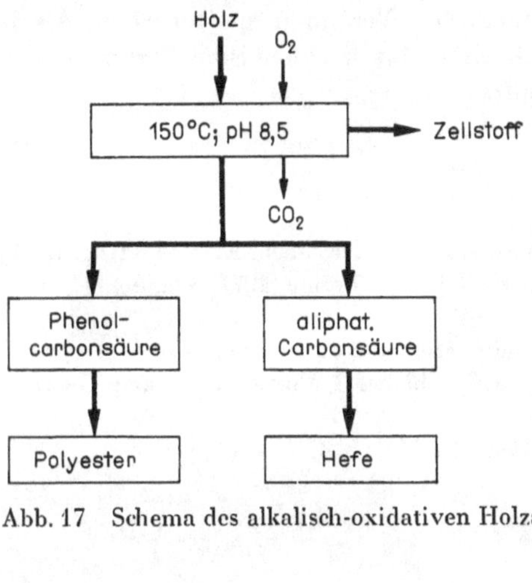

Abb. 17 Schema des alkalisch-oxidativen Holzaufschlusses

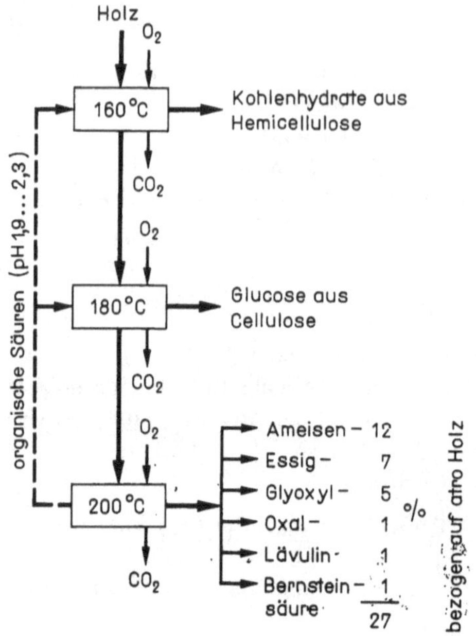

Abb. 18 Schema der oxidativen Holzhydrolyse

- kein Chemikalieneinsatz, die Einstellung des pH-Wertes geschieht durch die im Prozeß selbst erzeugten aliphatischen Carbonsäuren
- an den einzusetzenden Rohstoff werden keine Qualitätsansprüche gestellt.

Die Kenntnis des Reaktionsablaufes von Oxidationen an Ligninen und dessen Beeinflußbarkeit durch Temperatur, Oxidationsmittel und pH-Wert sowie dessen Abhängigkeit von der Struktur hilft also einerseits, bekannte Anwendungsgebiete, wie Zellstoff- und Holzstoff-Bleiche oder Vanillingewinnung zu verstehen und entsprechend zu optimieren, sie regt aber andererseits auch zur Erarbeitung neuer Anwendungsrichtungen und umweltfreundlicher Verfahren an. Innerhalb des in dieser Arbeit abgesteckten optimalen Bereiches für holzchemische Verfahren sind noch nicht alle Möglichkeiten ausgeschöpft.

Literatur

[1] Chang, H.-M., Allan, G. G.: In Lignins, edited by Sarkanen, K. V., Ludwig, C. H., Wiley Interscience New York, London, Sidney, Toronto 1971, Chapter 11, Oxidation, S. 433.

[2] Fergus, B. J.: Ph. D. Thesis, McGill Univ., Montreal, Canada 1968.

[3] Sarkanen, K. V., Hergert, H. L.: a. a. O. Chapter 3, Classification and Distribution, S. 52.

[4] Robert, A., Dougert, J.: ATIP Bull., Paris **6** (1961), S. 455–464.

[5] FREUDENBERG, K., NEISH, A. C.: Constitution and Biosynthesis of Lignin. Springer-Verlag Berlin (West), Heidelberg, New York 1968.

[6] FISCHER, F.: In: 12. Wiss.-Techn. Tagung des Industriezweigverbandes Zellstoff, Papier, Pappe der Kammer der Technik vom 6.—8. Juni 1968 in Leipzig, S. 34, als Manuskript gedruckt.

[7] MARTON, J.: In Lignins, edited by Sarkanen, K. V., Ludwig, C. H., Wiley Interscience New York, London, Sidney, Toronto 1971. Chapter 16, Reactions in alkaline pulping, S. 679.

[8] GLENNIE, D. W.: In Lignins, edited by Sarkanen, K. V., Ludwig, C. H., Wiley Interscience New York, London, Sidney, Toronto 1971. Chapter 15, Reactions in sulfite pulping, S. 607.

[9] LAUTSCH, W., PLANKENHORN, E., KLINK, F.: Z. angew. Chem. **53**, 450 (1940) sowie Pearl, I. A., Beyer, D. L.: Advances in chem. Series **59**, 145 (1966).

[10] FISCHER, F., WIENHAUS, O.: Wiss. Zeitschr. der TU Dresden, im Druck (1980).

[11] RUSSEL, G. A.: Peroxide Reaction Mechanisms, J. O. Edwards Ed., John Wiley and Sons, New York 1962, S. 107.

[12] GIERER, J., IMSGARD, F.: Svensk Papperstidning Nr. 16, 1977, S. 510—518.

[13] REZNIKOV, V. M.: In: Wiss. Tagung der Sektion Forstwirtschaft vom 16.—18. Oktober 1978 in Tharandt, S. 28, als Manuskript gedruckt. Zellstoff und Papier **28** (1979), S. 163—166.

[14] SCHIENE, R., FISCHER, F., PRUZINA, K. D., WIENHAUS, O.: a. a. O., S. 20. Zellstoff und Papier **28** (1979), S. 251—253.

[15] MURPHY, D., MOORE, A. W.: Scientific Proc. Royal Dublin Soc., Ser. A, Vol. **1**, S. 191 (1960).

[16] FIEDLER, H.-J.: In: Wiss. Tagung der Sektion Forstwirtschaft vom 16.—18. Oktober 1978 in Tharandt, S. 22.

[17] MAGISTER, G., BERGNER, Ch.: A. a. O., S. 18 a (Beilage).

[18] SCHALEGER, L. L., BRINK, D. L.: In: Forest Biology Wood Chemistry Conference 20.—22. Juni 1977 in Madison/Wisconsin Tappi Conference Papers 1977, S. 247.

[19] FISCHER, F.: Z. Chem. **19** (1979), S. 332—343.

M. Ringpfeil

Richtungen der Nutzung regenerierbarer organischer Kohlenstoffquellen

Die Ereignisse um Erdöl und Erdgas im letzten Jahrzehnt haben die intensivere Beschäftigung mit regenerierbaren organischen Kohlenstoffquellen hervorgebracht. Man erinnert sich an ältere Arbeiten zur Aufbereitung und industriellen Verwertung von Pflanzenmaterialien, an frühere Herstellungsverfahren für Energieträger und Grundchemikalien. Dabei spürt man die Lücken, die insbesondere die Naturstoffchemie und die technische Mikrobiologie aufweisen, wenn es um die Einschätzung der industriellen Nutzung regenerierbarer organischer Kohlenstoffquellen unter den heutigen Ansprüchen an Technik und Ökonomie geht.

Eine besondere Rolle spielt bei diesen Betrachtungen das Holz. Es stellt die größte Menge unter den regenerierbaren organischen Kohlenstoffquellen der Erde dar, seine Verbreitung auf den Landmassiven reicht von den Tropen bis an die Polargebiete, seine mittlere Bildungsgeschwindigkeit pro Flächeneinheit übertrifft alle anderen Pflanzenkulturen und ist durch relativ einfache Maßnahmen noch erheblich steigerungsfähig, seine Transport- und Lagerfähigkeit stehen seiner konzentrierten industriellen Verarbeitung nicht entgegen [1, 2].

Holz ist, wie alle zellulären Systeme, ein strukturiertes, heterogen zusammengesetztes Vielstoffgemisch. Seine Hauptbestandteile sind Zellulose, Hemizellulose und Lignin. Sie erfüllen Gerüstfunktionen, d. h. stabilisierende Funktionen in den Pflanzen. Sie setzen einer chemischen, biologischen oder physikalischen Destruktion Widerstand entgegen. Der Wassergehalt des Holzes ist im Vergleich zu anderen pflanzlichen Materialien gering. Diese Eigenschaften bestimmen die Möglichkeiten seiner Nutzung als Rohstoff für chemische oder energetische Zwecke.

In letzter Zeit verstärkt sich die Auffassung, Holz wie Kohle zu verarbeiten: durch Verbrennung, Vergasung oder Verflüssigung. Zielprodukte sind Wärme, gasförmige und flüssige Energieträger sowie Synthesegas [3]. Daneben verstärken sich aber auch die Bemühungen, die chemisch-hydrolytische Spaltung der Zellulosen und Hemizellulosen des Holzes weiterzuentwickeln, die Spaltprodukte chemisch mikrobiologisch zu veredeln und das verbleibende Lignin aufzuarbeiten [4]. Die Zielprodukte sind spezifischer als im Falle der kohleanalogen Verarbeitung, unter ihnen befinden sich eine Reihe von Finalprodukten. Eine Übersicht vermittelt Abbildung 1.

Die chemisch-hydrolytische Spaltung ist jedoch durch ihren hohen Aufwand an

Energie, Apparaten und Chemikalien belastet. Ihre Rentabilität beginnt erst bei großen Produktionskapazitäten. Das schränkt ihre Anwendbarkeit, insbesondere im Hinblick auf den breiter verteilten Rohstoffanfall ein. In den letzten Jahren wurde in zunehmenden Maße versucht, die bekannte enzymatische Spaltung von

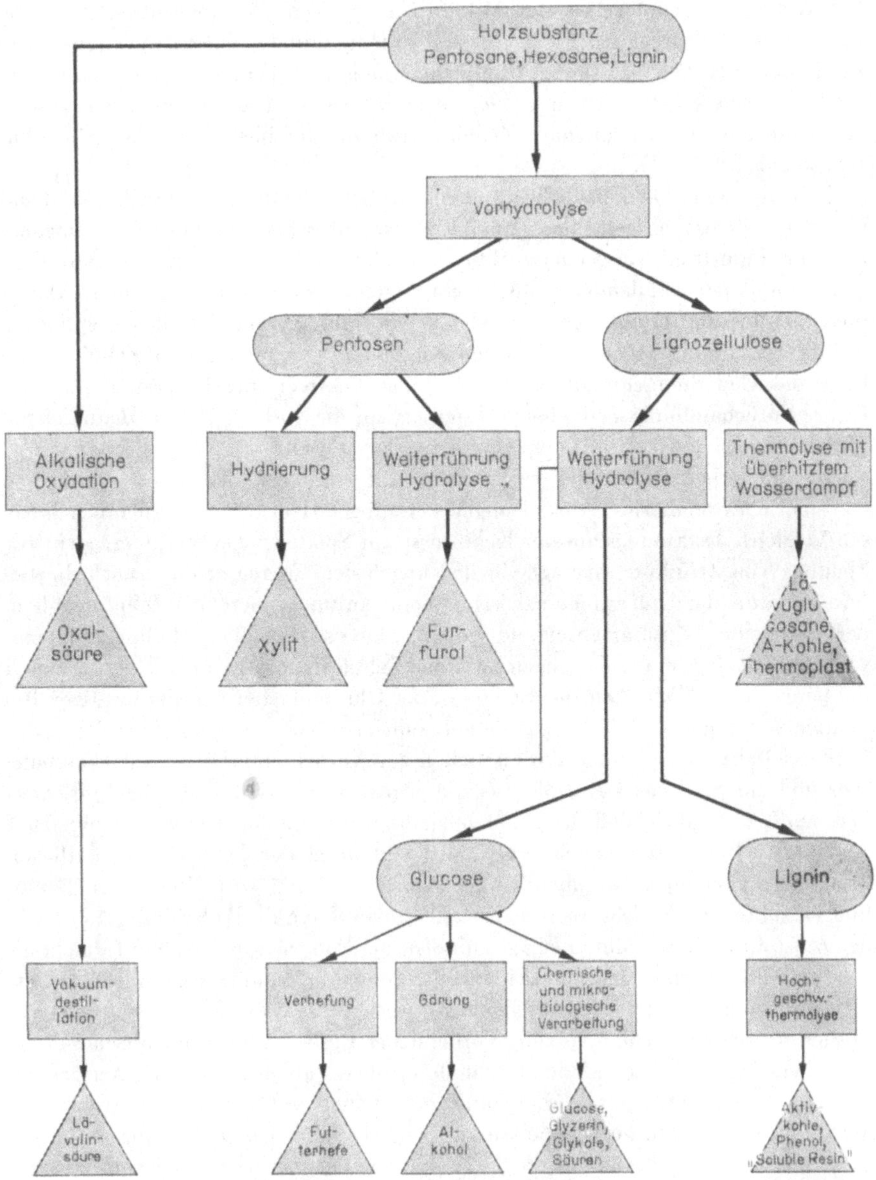

Abb. 1 Komplexe Holzverarbeitung auf Basis chemisch-hydrolytischer Zellulosespaltung

Zellulose technisch nutzbar zu machen. Alle Versuche zeigten bis jetzt die Unumgänglichkeit einer physikalischen oder chemischen Vorbehandlung des Rohstoffes — gleichgültig ob Holz oder andere zellulosehaltige Pflanzensubstanz —, um die Zellulose für den enzymatischen Abbau zugänglicher zu machen.

Solvolyse mit zelluloselösenden Mitteln wie Cadoxen oder konzentrierter Schwefelsäure [5], Aufsprengung des Zellulose-Lignin-Verbundes durch Anwendung von Implosionstechniken [6] sowie Alkalibehandlung und Feinvermahlung sind Beispiele für neuere Methoden, um eine „reaktive" Zellulose zu erhalten. Solche Vorbehandlungen können zu einer Zellulose führen, die nicht schlechter abbaubar sein soll als Stärke [7].

Diese Kombination künstlicher und natürlicher Schritte zur Degradation strukturierten zellulosehaltigen Pflanzenmaterials ist wahrscheinlich wirklich unumgänglich, um industriell verwertbare Geschwindigkeiten beim Abbau von Stabilisierungsfunktionen erfüllenden natürlichem Material zu erzielen. Mit dem Akzept dieser Auffassung ergibt sich eine wichtige Schlußfolgerung für die Orientierung weiterer Forschungsarbeiten zur Intensivierung der enzymatischen Zellulosespaltung: das Gewicht mehr auf die Erarbeitung effektiver chemischer und physikalischer Vorbehandlungsmethoden zu legen als auf die Suche nach den Bedingungen für eine intensive einschrittige enzymatische Degradation.

Für die Beherrschung der enzymatischen Spaltung der Zellulose verbleiben trotzdem noch eine große Anzahl ungelöster Fragen. Um das zu verdeutlichen, sei ein Vergleich des Standes unserer Kenntnisse zur Spaltung von Stärke mit dem zur Spaltung von Zellulose angeregt. Zu den ungelösten Fragen gehören auch die tiefere Kenntnis der Unterschiede zwischen aerobem und anaerobem Zelluloseabbau, der Erzeugung, Zusammensetzung und Wirkungsweise des Zellulasekomplexes sowie die möglichen Verbindungen zwischen Zellulose- und Ligninabbau, die durch die peroxidische Oxidation der Zellobiose zu Gluconolacton bei gleichzeitiger Reduktion des Phenoxyradikals aus dem Lignin offenbar geworden sind [8].

Die vielfältigen und intensiven Arbeiten zur Vorbehandlung des Pflanzenmaterials und zur Spaltung der Zellulose, die gegenwärtig weltweit durchgeführt werden, machen deutlich, daß die Ökonomisierung der Zellulosespaltung weniger auf empirischer Basis als vielmehr durch die Vertiefung der naturwissenschaftlichen Kenntnisse über die dabei ablaufenden Prozesse möglich wird. Bei diesen Bemühungen sollte jedoch nicht übersehen werden, daß durch die Aufschlußverfahren in der Zellstoffindustrie Sulfitablaugen anfallen, die Pentosen und andere fermentierbare Stoffe insbesondere aus den Hemizellulosen enthalten, die gegenwärtig keinesfalls vollständig genutzt werden. Hier ergibt sich ein Feld der wissenschaftlich-technischen Forschung für die Nutzung vorhandener Reserven an fermentierbarem organischem Material. Die anfallenden Stoffe werden — abhängig von der Art des primär eingesetzten Holzes — fermentativ zu Alkohol und Biomasse (Fichte) bzw. nur zu Biomasse (Buche, Pappel) umgesetzt. Bis jetzt waren Verfahren für die Biomasseerzeugung bestimmend, die aufgrund der geringen Sauerstoffübertragungskapazität der verfügbaren Fermentoren eine mehrfache Verdünnung der

Ablaugen erforderten. Durch die Entwicklung und Anwendung von Fermentoren mit intensivem Masseaustausch, wie des Tauchstrahlreaktors des VEB IZ Böhlen [9] ist nicht nur eine Verringerung dieser Verdünnung möglich, sondern es kann sogar durch Zusatz weiterer Kohlenstoffquellen in konzentrierter Form (z. B. Methanol, Äthanol) eine höhere Variabilität der Produktion, eine intensivere Nutzung bestehender Anlagen und eine Verbesserung der Ausbeute durch Ausnutzung des Effekts der Erhöhung der Energieausbeute im Stoffwechsel der Produktionsorganismen bei Anwendung gegenseitig sich beeinflussender Gemischkomponenten [10] erreicht werden. Darüberhinaus haben die jüngsten Bemühungen zur stärkeren Nutzung von bakterieller Biomasse zu Futterzwecken [11,12] Möglichkeiten des Einsatzes von Bakterien zur Umwandlung nicht verhefbarer Stoffe der Sulfitablaugen eröffnet. In diesem schon traditionellen Zweig der mikrobiologischen Technik bringen neuere Forschungsergebnisse eine starke Bewegung hinein, die zur besseren Nutzung vorhandener Anlagen und Rohstoffe führen können.

Noch größere Bedeutung muß jedoch der Erarbeitung weiterer naturwissenschaftlicher und technologischer Kenntnisse zur Beherrschung anaerober Fermentationsprozesse der Zellulose und der Glucose beigemessen werden. Die Dismutationsreaktionen bei der anaeroben Fermentation von Zucker — seit langem scheinbar gut bekannt — offenbaren bei näherer Betrachtung nicht nur Kenntnislücken in mikrobiologischer, biochemischer und technologischer Hinsicht, sondern auch gleichzeitig erhebliche Möglichkeiten für effektivere technische Prozesse mit ihnen. Der Grund für diese Situation liegt sicher darin, daß bis jetzt aufgrund der relativ billigen Verfügbarkeit von Rohstoffen und Energie keine Notwendigkeit bestand, sich mit den Grenzen der Leistungsfähigkeit der biologischen Systeme und dem energetischen Wirkungsgrad bei der Erzeugung der Produkte auseinanderzusetzen.

Heute wird uns die Tatsache bewußt, daß z. B. bei der Produktion von Äthanol fast doppelt soviel Energie verbraucht wird, wie im Produkt gespeichert ist. Gleichzeitig zeigen sich aber auch Möglichkeiten, diesen Energieaufwand durch energetische Verkopplung von Aufschluß und Destillation, durch Nutzung der Abwässer zur Methanerzeugung und durch Senkung der Destillationsenergie mit Hilfe bisher nicht verwendeter azeotroper Systeme wesentlich zu verringern [13]. In den USA werden durch die Gasohol-Einführung (Kraftstoffgemisch aus 90% Benzin und 10% Alkohol) rasche Entwicklungen der Technik in mehr als 20 experimentellen Produktionsanlagen durchgeführt, die 1978 entstanden sind bzw. angemeldet wurden [14].

Alle Überlegungen zur Alkoholproduktion gehen bis jetzt jedoch von den leicht bzw. direkt zugänglichen Substraten Stärke, Saccharose und Glucose aus. Diese sind aber nicht nur teuer, sondern als Nahrungsstoffe auch defizitär. Eine Hauptfrage für die künftige Entwicklung dieser Produktion stellt deshalb der Übergang zu billigeren, nicht eßbaren und nicht defizitären Kohlenhydraten, insbesondere Zellulose, dar. Dafür sind jedoch nicht nur ökonomische, sondern auch energetische Überlegungen notwendig, um aus dieser Produktion einen Energiegewinn zu erzielen. Prozesse zum Aufschluß der Zellulose müssen wahrscheinlich als Bestandteile komplexer Prozesse gesehen werden, deren Schaltungen die Nutzung aller Neben- und Abprodukte berücksichtigen müssen. Hier fehlen nicht schlechthin Kenntnisse, sondern auch Versuchsanlagen, in denen ein Teil dieser Kenntnisse erarbeitet werden muß.

Eine generelle Erweiterung unserer Kenntnisse über anaerobe Reaktionen ist erforderlich. Ungenügend kennen wir zur Zeit die Reaktionsmöglichkeiten anderer organischer Stoffe als Kohlenhydrate aus pflanzlichen Materialien unter Luftabschluß. Heute nimmt man noch vielfältig an, daß die Über alles-Geschwindigkeit anaerober Prozesse prinzipiell kleiner ist als die aerober Prozesse. Die originellen Versuche von Wilke und Finn [15] zur Steigerung der Geschwindigkeit der alkoholischen Gärung brachten neue Erkenntnisse, die dieser These widersprechen. Damit werden ähnliche Untersuchungen zur Steigerung der Geschwindigkeit anderer anaerober Prozesse, z. B. der Methanbildungsprozesse, stimuliert [16]; eine wesentliche Barriere für die technische Anwendung anaerober Prozesse wird abgebaut.

Zusammenfassend läßt sich feststellen, daß neuere Ergebnisse und Erkenntnisse zur industriellen Nutzung zelluloschaltiger Pflanzenmaterialien sowie zur aeroben und anaeroben Fermentation von Kohlenhydraten bekanntgeworden sind, die einzelne Stellen eines umfangreichen Feldes wissenschaftlicher Forschung erhellen, gleichzeitig aber die Fülle noch zu lösender Aufgaben deutlich machen, die vor der technischen und ökonomischen Beherrschung solcher Prozesse liegen.

Literatur

[1] Keil, G., Ringpfeil, M., Klare, H. (jr): Bericht über die Weltkonferenz über zukünftige Quellen organischer Rohstoffe. CHEMRAWN I — IUPAC, Berlin 1. 9. 1978. S. 11, 16, 71, 79.

[2] Böhme, H., Keil, G., Philipp, B., Ringpfeil, M.: Sitzungsberichte der AdW der DDR 1978, 19 N, S. 4.

[3] Ward, R.: Biomasse für Nichtnahrungszwecke. In: Bericht über die Weltkonferenz über zukünftige Quellen organischer Rohstoffe. CHEMRAWN I, Toronto 1978, 60 ff.

[4] Kabljvan, V. P.: Neue Aspekte der Produktion von Chemikalien aus Biomasse. In: Bericht über die Weltkonferenz über zukünftige Quellen organischer Rohstoffe. CHEMRAWN I. Toronto 1978, 39 ff.

[5] Tsao, G. T.: Pretreatment of Cellulosic Material for Saccharification. . . II. Internat. Kongreß für Mikrobiologie, München 1978.

[6] De Long, F. A.: The IOTECH Process for the Production of a Fermentation Substrate from Ligno-Cellulosic Materials. CHEMRAWN I, Toronto 1978.

[7] Ringpfeil, M., Taubeneck, U.: Bericht über die V. Konferenz über Weltaspekte der angewandten Mikrobiologie (GIAM V), Leipzig/Jena 17. 1. 1978, S. 26.

[8] Erikson, K. E.: Important Enzymes in Cellulose Degradation. XII. Internat. Kongreß für Mikrobiologie, München 1978.

[9] LIEPE, F., JAGUSCH, L., STEPHAN, W., RINGPFEIL, M.: The Present State and the Perspective of Development of Industrial High Performance Fermentors for Aerobic Fermentations. I. Europäischer Kongreß für Biotechnologie, Interlaken 1978.

[10] SCHOLZ, R., HILGER, U., LINGNER, G., BABEL, W.: Publ. vorbereitet für Zeitschr. Allgemeine Mikrobiologie.

[11] —: Appl. Chem. Division of IUPAC Technical Report, Final Draft on Proposed Guidelines for Testing of Single Cell Protein ... 1978, June.

[12] O'SULLIVAN, D. A.: C & EN 1978, Sept. 1978, 12—13.

[13] DELLWEG, H.: New Aspects of Ethanol Fermentation. XII. Internat. Kongreß für Mikrobiologie, München 1978.

[14] MARION, L.: Chem. Enzym. 1979, Febr. 26, 78—79.

[15] WILKE, C. R., CYSEWSKI, G. R.: Biotechn. Bioengng. XIX, 1125, 1977.

[16] PIRT, S. J.: Anaerobe mikrobielle Verstoffwechselung als ein Weg zu Methan und regenerierbaren Kohlenstoffquellen. In: Bericht über die Weltkonferenz über die zukünftigen Quellen organischer Rohstoffe. CHEMRAWN I, Toronto 1978, 53 ff.

W. F. Hirte

Zur Herstellung von Cellulasen

Cellulasen werden seit 10—15 Jahren in allen industriell fortgeschrittenen Ländern mit einer entwickelten biochemischen Forschung und Industrie hergestellt oder befinden sich in der Entwicklung. Als Produktionsstämme kommen z. Z. vor allem Angehörige von Pilzgattungen in Frage, z. B. *Trichoderma-*, *Aspergillus-*, *Penicillium-*, *Sporotrichum-*, *Fusarium-* *oder* *Chaetomium*arten. Auch bei Bakterien wurden hochaktive Cellulasebildner gefunden und Verfahren mit ihnen patentiert. Handelspräparate, die mit Hilfe von Bakterienstämmen hergestellt werden, sind aber kaum vorhanden. Cellulasen werden von Pilzen im allgemeinen in das Medium ausgeschieden. Diese extracellulären Enzyme können bei der Aufarbeitung des Kulturfiltrates durch Zentrifugation oder Filtration von den festen Nährmedienbestandteilen abgetrennt werden. Cellulasen werden als Flüssigkonzentrate oder Trockenpräparate in Form lyophilisierter ausgefällter oder sprühgetrockneter Präparationen hergestellt.

Zur Zeit werden Cellulasen nur in einem verhältnismäßig bescheidenen Umfang für pharmazeutische und Forschungszwecke produziert. In Zukunft ist aber mit einer umfangreichen Anwendung auf den Gebieten der Lebensmittelindustrie und Landwirtschaft zu rechnen. So werden Cellulasen in der Lebensmittelindustrie zur Optimierung der Produktionsprozesse und Erhöhung der Rohstoffausnutzung eingesetzt werden z. B. bei der Erhöhung der Saftausbeuten in der obst- und gemüseverarbeitenden Industrie oder der Alkoholausbeute in der Brennereiindustrie [18]. In der Landwirtschaft rechnet man mit einer Verbesserung der Futterausnutzung durch Einsatz von Cellulasen, z. B. bei der in vitro-Futterverwertung mit Enzymen oder durch Vorbehandlung zellulosehaltiger Futtermittel. Besondere Bedeutung hat die Umwandlung zellulosehaltiger Roh- und Abfallstoffe in mikrobielles Futtereiweiß nach einer enzymatischen Hydrolyse [z. B. 1, 3, 7, 8, 10]. In der Fermentationsindustrie könnte der Einsatz von Cellulasen neue Rohstoffquellen zur Gewinnung von Glukosesirup erschließen, der zu verschiedenen chemischen Produkten z. B. Alkohol weiterverarbeitet wird [10, 2].

Für die Mehrzahl dieser Anwendungsbereiche dürfte die sofortige Einwirkung des produzierten Enzyms auf das Substrat eine Verbilligung des gesamten Verfahrens bedeuten, da notwendige Aufarbeitungs- und Konfektionsverfahren weitgehend wegfallen können.

Cellulasen sind nach heutigen Kenntnissen ein Sammelbegriff für verschiedene cellulolytisch wirkende Enzyme, die synergistisch den Abbau der Zellulose bewirken. Mindestens 3 Enzymsysteme können unterschieden werden: Endoglukanasen (1,4-β-Glukan-Glukanohydrolasen), Exoglukanasen (1,4-β-Glukan-Cellubiohydrolasen) und β-Glukosidasen, hauptsächlich Cellobiase.

Da die Meßmethoden zur Ermittlung der einzelnen Enzymaktivitäten z. Z. noch zu kompliziert und unvollständig sind, benutzt man Meßverfahren, die die cellulolytischen Aktivitäten der Präparate an verschiedenen Zellulosesubstraten anzeigen. Dabei werden einmal unlösliche überwiegend kristalline Zellulosequellen wie Baumwolle, Filterpapier und Zellulosepulver verwendet, zum anderen lösliche Zellulose, vor allem Na-Carboxymethylzellulose. Die Aktivitäten an unlöslicher Zellulose werden m. E. noch als C_1-, an löslicher Zellulose als C_x-cellulolytische Aktivitäten bezeichnet. Obwohl für den intensiven Abbau der Zellulose unbedingt C_1-Aktivitäten vorhanden sein müssen [11] und ebenso auch C_x-Aktivitäten erforderlich sind [17], kann mit diesen Meßverfahren nicht die wirkliche Abbauintensität am natürlichen Substrat ermittelt werden: So zeigt Tabelle 1, daß der in C_1-, C_x- und Cellobiaseaktivität schwächere Cellulasebildner *Gliocladium* HUGk für den Strohabbau bei 1%iger Substratkonzentration besser geeignet ist. Bei einer höheren Substratkonzentration verschiebt sich allerdings das Bild und der Cellulasebildner *Penicillium* HUPc hat die bessere Wirkung.

Für die Wirksamkeit von Cellulasepräparaten sind die cellulasespaltenden At-

Tabelle 1
Vergleich der Enzymaktivitäten von Kulturfiltraten mit der Fähigkeit, 1% defibriertes Stroh abzubauen

Cellulase-präparat	C_1-Aktivität[1] E/ml	C_x-Aktivität[2] % Abbau	Cellobiase-Aktivität mU/ml	Strohabbau % RS[3]	% Glukose[4]
HUGk (Gliocladium-Art)	127,6	47,48	37,0	85,22	43,30
HUPc (Penicillium-Art)	166,7	67,18	16,8	68,09	30,87
HUTv (Trichoderma-Art)	166,7	59,77	50,5	65,49	33,66

1 Filterpapierdestruktion nach Toyama, verändert
2 Abnahme der Viskosität einer 1%igen Na-Carboxymethylzellulose-Lösung unter Standardbedingungen
3 gemessen als mg Glukose-Gleichwerte pro TS-Einwaage
Bestimmung red. Zucker: Dinitrosalizylsäure-Methode
4 gemessen als mg Glukose pro TS-Einwaage
Glukosebestimmung: GOD/POD-Methode

tivitäten zwar von entscheidender aber nicht allein ausschlaggebender Bedeutung, da die Zellulose in der Zellwand mit Lignin, Hemizellulosen, Pektin und anderen Substanzen vergesellschaftet, teilweise in einer dreidimensionalen Gitterstruktur verbunden ist, so daß die Enzymaktivitäten der sogenannten „Beienzyme" für die Eignung eines Präparates mit ausschlaggebend sind. Cellulasepräparate sind im allgemeinen Rohenzympräparate und Tabelle 2 gibt eine Übersicht über die cellulolytischen und hemicellulolytischen Aktivitäten ausgewählter und bekannter Handelspräparate. Die Auswahl zeigt, daß die einzelnen Aktivitäten bei den verschiedenen Präparaten unterschiedlich sind. Im allgemeinen haben Präparate, die mit Hilfe von *Trichoderma*-Arten hergestellt werden, höhere C_1-Aktivitäten, wie z. B. die Präparate Onuzuka SS und R 10. Präparate, die mit Hilfe von *Aspergillus*-Arten produziert werden, besitzen dagegen nur geringere C_1-Aktivität, wie z. B. Cellulase Schuchardt oder AP 3 von Amano.

Tabelle 2
Enzymaktivitäten ausgewählter Cellulase-Handelspräparate

Präparat	C_1-[1] Aktivität	C_x-[2] Aktivität	Cellobiase-Aktivität	Xylanase-[3] Aktivität	Lichenase-[3] Aktivität
Cellulase C (Fa. Röhm u. Haas)	167	1 250	190,9	1,8	4,2
Cellulase (Fa. Serva)	513	1 899	156,2	1,7	3,5
Cellulase (Fa. Schuchardt)	Spuren	1 786	26,8	3,0	3,4
Cellulase C (Fa. Ferak)	1176	2 830	170,0	2,3	4,4
Cellulase AP 5 (Fa. Amano)	14	7 500	72,0	3,9	5,8
Cellulosin AC 1000 (Fa. Hankyu Bussan)	1600	12 503	137,3	5,3	6,9
Onozuka SS (Fa. Kinki Yakult)	1330	1 293	19,6	2,9	6,5
Onozuka R 10 (dto.)	5714	10 790	116,3	4,7	6,5
Driselase (dto.)	2857	9 938	5,0	5,4	6,5

1 Filterpapierdestruktion nach Toyama, verändert
2 75%iger Viskositätsverlust von g Na-CMC durch 1 g Enzym
3 mg Glukose-Gleichwerte
Bestimmung der RS: Dinitrosalizylsäure-Methode

Auf Grund der derzeitig mangelnden Möglichkeiten, die Wirksamkeit eines Cellulasepräparates am natürlichen Substrat mit analytischen Methoden zu charakterisieren, ist eine Zuordnung hoher cellulolytischer Aktivitäten und hoher Wirkungen nur ungenügend möglich, so daß die praktische Eignung nur empirisch zu ermitteln ist. Dazu kommt, daß die Wirksamkeit der Cellulasen durch die der Beienzyme ergänzt wird und daß Substrat- und Endprodukthemmungen (s. u.) den jeweiligen Wirkungsmechanismus beeinflussen. Für die Produktion von Cellulasen ergibt sich daraus die entscheidende Schlußfolgerung, daß für bestimmte Einsatzzwecke unterschiedliche Cellulasen geeignet sind und mehrere Cellulasen entwickelt und hergestellt werden müssen.

Ein großer Teil der grundlegenden mikrobiellen und technologischen Arbeiten über die Herstellung von Cellulasen wurde mit Selektionsstämmen von *Trichoderma viride* durchgeführt [5, 6, 11, 13, 15]. Die sowohl an diesen Pilzen als auch anderen ermittelten Erkenntnisse können wie folgt zusammengefaßt werden:

1. Eine Cellulasenproduktion erfolgt im allgemeinen durch Induktion. Als Enzymindikatoren wirken verschiedene Zellulosequellen und Kohlenhydrate mit 1,4-β-Bindung. Die Höhe der Enzymausschüttung hängt erheblich von der Induktionsquelle und der Konzentration ab.
2. Glukose fördert zwar das Wachstum des betreffenden Mikroorganismus, aber hemmt im allgemeinen die Cellulasebildung. Glukose und Cellobiose wirken als Enzymrepressoren.
3. Für eine optimale Produktion von Cellulase ist eine wirksame Regelung des pH-Wertes unbedingt erforderlich.
4. Die Ausschüttung der Cellulasen ist von einer geregelten Temperaturführung abhängig, wobei Zellwachstum und Ausschüttung der Cellulaseenzyme nicht immer gleich laufen.
5. Die einzelnen Enzyme (Cellulasen und Beienzyme) werden nicht gleichzeitig und unter gleichen Bedingungen in gleicher Höhe ausgeschüttet.

Die Repression der Enzymbildung durch die löslichen Zucker Cellobiose und Glukose kann durch verschiedene Methoden vermindert werden, z. B. durch Abführung dieser Substanzen aus dem System mit Hilfe einer semipermiablen Membran [5], Einführung eines Mehrstufenverfahrens, so daß Wachstum und Induktionsperiode von der nachfolgenden Produktionsstufe für die Enzymgewinnung getrennt sind [16] sowie durch Verbrauch der gebildeten Zucker durch kombinierte Kultivierung von cellulasebildenden und zuckerverbrauchenden Mikroorganismen z. B. zusammen mit *Candida*-Hefen [4, 14], so daß die Biomasse beider Mikroorganismen zur Proteingewinnung verwendet wird.

In der DDR wurden auf der Basis eines umfangreichen Screening-Programmes aus natürlichen Biotopen verschiedene hochaktive Cellulasebildner ausgesucht. Durch phänotypische Optimierung des Nährmediums konnten bei 3 Cellulasebildner Submersverfahren entwickelt werden, die eine erhöhte Ausschüttung von cellulolytischen und Beienzymen ermöglichen [19, 20, 21].

Die Nährmedienoptimierung wurde unter 3 Gesichtspunkten durchgeführt:
1. Ausschüttung möglichst hoher cellulolytischer Aktivitäten (C_1-, C_x-, Cellobiase, Hemicellulasen)
2. Möglichst kurze Fermentationszeit und
3. Einsatz billiger Nährsubstrate.

Die Ausschüttung der Cellulasen erfolgt bei allen Cellulasebildnern induktiv. Dabei zeigte sich, daß verschiedene Zellulosequellen unterschiedlich geeignet sind. Weiterhin konnte eine billige, aber außerordentlich aktive zusätzliche Induktorquelle gefunden werden, alkalisch hydrolysiertes Grünmehl. Durch chemisch-analytische Methoden kombiniert mit mikrobiologischer Testung der Fraktionen wurde ermittelt, daß Grünmehlhydrolysate oligomere Kohlenhydrate mit 1,4-β-Bindungen enthalten, die eine intensive Induktorwirkung entfalten (Schade, W., unveröffentlicht).

Zur Entwicklung einer hohen Cellulaseaktivität sind sowohl Zellulose- als auch Grünmehlhydrolysate zusammen notwendig, wie Tabelle 3 zeigt. Zellulose, Grünmehlhydrolysat oder unhydrolysiertes Grünmehl allein ergeben keine so hohen

Tabelle 3
Einfluß von Zellulose und Grünmehlhydrolysat (GMH) auf die Ausschüttung von Cellulase bei der Kultivierung von Gliocladium spec.
Cellulasebildung gemessen als Filterpapierdestruktionsaktivität (FPD), einer Methode zur Erfassung der C_1-Aktivität (nach Toyama, verändert) — in % der maximalen FPD-Aktivität (= 100%) —

Zellulose %	GMH[1] %	FPD-Aktivität
0,1	–	10
	10	30
	20	37
0,3	–	18
	10	48
	20	60
0,5	–	19
	10	52
	20	100
1,0	–	32
	10	50
	20	100

1 10% GMH entspricht einer Ausgangsmenge von 0,5% unbehandeltem Grünmehlpulver

Enzymaktivitäten. Weitere Optimierungsstufen bestanden in der Entwicklung eines geeigneten pH- und Temperaturregimes.

Während sich der Cellulasebildner HUGk, Enzymbildner: Selektionsstamm von *Gliocladium spec.* [19], vor allem für den Strohabbau eignet, ist der Cellulasebildner HUPc, Enzymbildner: Selektionsstamm von *Penicillium citreo-viride* [20], besonders für den Einsatz in der Brennereiindustrie und für die Herstellung von Pflanzenprotoplasten geeignet [18, 9].

Bei einem Einsatz in der Praxis ist es erforderlich, die Cellulasepräparate für die jeweiligen Einsatzgebiete zu optimieren. Dies kann einerseits durch eine phänotypische Anpassung des Produktionsverfahrens zur Herstellung aktiver cellulolytischer und zellwandspaltender Enzympräparate vorgenommen werden. Z. B. kann durch eine Veränderung der Nährmedienbestandteile, der Kultivierungszeit und verschiedener Kultivierungsparameter das Enzymspektrum in gewissen Grenzen variiert werden. Bei der genotypischen Optimierung vorhandener Enzymbildner werden Mutanten selektioniert, die einmal höhere Cellulaseaktivitäten zeigen, zum anderen ein verändertes, den jeweiligen Einsatzgebieten angepaßtes Enzymmuster haben. So gelang es bei *T. viride* durch Mutation und Selektion, Mutanten zu gewinnen, die gegenüber dem Wildstamm eine ca. 15 mal höhere Cellulaseaktivität besaßen [12]. Von dem Weißfäulepilz *Sporotrichum pulverulentum* konnten Mutanten mit wesentlich höheren ligninspaltenden Aktivitäten gewonnen werden [4].

Für den enzymatischen Abbau von zellulosehaltigen Roh- und Abfallstoffen ist damit der Weg von seiten der Produktion von Cellulasen vorgezeichnet: Herstellung von Enzympräparaten mit optimiertem Enzymmuster und aktiveren Enzymaktivitäten. Die Eignungsfähigkeit neuer cellulasebildender Mikroorganismen bzw. geeigneterer Mutanten oder geeigneterer Produktionsverfahren kann sich jedoch erst im Applikationsversuch erweisen, da, wie schon dargestellt, z. Z. ausreichende, exakt wissenschaftliche Parameter zur Selektion noch ausstehen und somit phänotypische und genotypische Optimierungsmaßnahmen mit einem gewissen Risikograd behaftet sind.

Bei der Weiterentwicklung von enzymatischen Abbauverfahren zellulosehaltiger Roh- und Abfallstoffe auch von Holz und Holzabfällen in ökonomisch vertretbaren Dimensionen nimmt neben der Entwicklung geeigneter ökonomisch vertretbarer Verfahren zur Erhöhung der Angreifbarkeit der zellulosehaltigen Substrate eine möglichst billige Herstellung hochaktiverer und geeigneter Cellulasepräparate eine Schlüsselposition ein.

Literatur

[1] Bellamy, W. D.: Biotechnol., Bioeng. 16 (1974), S. 869—881.

[2] Dellweg, H.: Die Branntweinwirtschaft 118 (1978), Nr. 7, S. 101—104.

[3] Dunlapp, C. E.: Food Technology (1975), S. 62—67.

[4] Eriksson, K. E. und Hamp, S.: Das Papier 32 (1978), S. 545—550.

[5] Ghose, T. K. and J. A. Kostick: Adv. in Chem. 95 (1969), S. 415—422.

[6] GHOSE, T. K. and J. A. KOSTICK: Biotechnol. Bioeng. 12 (1975), S. 921–935.
[7] HUMPHREY, A. E.: Chemical Engineering 81 (1974), S. 98–112.
[8] HUMPHREY, A. E.: Biotechnol. and Bioeng. Symp. No. 5 (1975), S. 49–65.
[9] KOBLITZ, H. und W. F. HIRTE: Biochem. Physiol. Pflanzen 170 (1976), S. 295–300.
[10] LINKO, P.: Chem. Ing. Technol. 50 (1978), S. 655–661.
[11] MANDELS, M.: Microbial Sources of Cellulase Biotechnol. and Bioeng. Symp. No. 5 (1975), S. 81–105.
[12] MONTENECOURT, B. S. and D. E. EVELEIGH: Appl. Euriorum Microbiol. 34 (1977). H. 6, S. 777–782.
[13] PEITERSEN, N.: Biotechnol. Bioeng. 17 (1975), S. 1291–1299.
[14] ROMANTSCHUK, H. in TANNENBAUM, H. S. and D. I. C. WANG eds.: MIT Press, Cambridge/Ma (1975), S. 344–358.
[15] TOYAMA, N. and K. OGAWA: Biotechnol. Bioeng. Symp. No. 5 (1975), S. 225–244.
[16] WILKE, C. B. and MITRA, G.: Biotechnol. Bioeng. Symp. No. 5 (1975), S. 253–274.
[17] WOOD, T. M.: Properties and Mode of Action of Cellulases, Biotechnol. and Bioeng. Symp. No. 5 (1975), S. 111–137.
[18] DDR-Patent: HIRTE, LIETZ, JAROWENKO u. a. Anwendung eines Zellulose- und Hemizellulosekomplexes zur Äthanolgewinnung. Akt.-zeichen WP 12 C/210 143, Anmeldetag 18. 7. 1979.
[19] DDR-Patent: HIRTE, W. F., GLATHE, I., GRADEL, A., SCHADE, W. und J. HUBER: Verfahren zur biotechnischen Herstellung von Cellulose und β-Glucosiden spaltenden Enzymen. Akt.-zeichen WPC 12 D/194 914, Anmeldetag 28. 8. 1970.
[20] DDR-Patent: HIRTE, W. F. und J. GLATHE: Verfahren zur biotechnischen Herstellung von Cellulasen, Hemicellulasen und β-Glucosiden. Akt.-zeichen WPC 12 D/189 403, Anmeldetag 12. 11. 1975.
[21] DDR-Patent: HIRTE, W. F., SCHULZ, G. und R. LIEBHERR: Verfahren zur Herstellung von Cellulasen und Hemicellulasen mit Hilfe eines Stammes der Gattung Trichoderma. Akt.-zeichen WPC 12 D/196 387, Anmeldetag 17. 12. 1976.

B. Philipp

Einfluß einiger struktureller Faktoren des Substrats auf den enzymatischen Abbau der Cellulose

Im Rahmen eines größeren Forschungsobjektes zum Einfluß der übermolekularen Struktur der Cellulose auf die Kinetik von Heterogenreaktionen der Cellulose wurde gemeinsam mit dem Bereich Mikrobiologie der Sektion Nahrungsgüterwirtschaft der Humboldt-Universität Berlin die Auswirkung struktureller Veränderungen des Substrats auf die Geschwindigkeit des enzymatischen Abbaues mit Kulturfiltraten von Trichoderma viride (Stamm HU 2713) untersucht. Ziel dieser Arbeiten ist es, die Relevanz verschiedener struktureller Parameter für das gegebene Enzymsystem zu klären und zu wichten und hieraus Schlußfolgerungen für die Entwicklung geeigneter Vorbehandlungsmethoden für das Substrat zur Steigerung der Raum-Zeit-Ausbeute beim enzymatischen Abbau zu ziehen.

Zunächst sei auf einige mit verhältnismäßig reinen Cellulosepräparaten als Substrat gewonnene Ergebnisse eingegangen. Bedingt durch die geringe Quellwirkung des schwach sauren Reaktionsmediums (p_H ca. 5) einerseits, das große Molvolumen der als hydrolytisches Agens wirksamen Enzymkomponenten andererseits verläuft der heterogene enzymatische Abbau eines hochgeordneten Cellulosematerials ca. 10^4-mal langsamer als eine vergleichbare homogene Modellreaktion mit einem sehr niedrigsubstituierten wasserlöslichen Cellulosederivat, während dieser „Verzögerungsfaktor" infolge des heterogenen Ablaufs beispielsweise für die im alkalischen Milieu stattfindende Carboxymethylierung der Cellulose nur etwa 2—3 beträgt. Eine erhebliche Beeinflußbarkeit der Geschwindigkeit des enzymatischen Abbaues durch Veränderung der physikalischen und morphologischen Struktur der Cellulose ist daher von vornherein zu erwarten.

Bereits eine Trocknung bzw. relativ milde thermische Behandlung führt bei einem Buchenzellstoff zu einer entscheidenden Verzögerung der enzymatischen Abbaurate, wenn man den unter bestimmten Bedingungen in Lösung gegangenen Anteil zugrundelegt, während beim säurehydrolytischen Abbau durch solche Trocknungsprozesse eine wesentliche Erhöhung der Kettenspaltungsgeschwindigkeit erreicht wird (vgl. Tab. 1).

Wie bei anderen Heterogenreaktionen sollte eine Verringerung der mittleren Partikelgröße des Substrats auch beim enzymatischen Abbau der Cellulose zu einer Beschleunigung führen. Dieser erwartete Einfluß wird entsprechend Tabelle 2 auch beobachtet, wenn Präparate ähnlicher übermolekularer und morphologischer

Tabelle 1
Einfluß einer unterschiedlichen Trocknung bzw. thermischen Behandlung auf den säurehydrolytischen bzw. enzymatischen Abbau von Zellstoff

Probe	k_0 [h^{-1} $DP^{-1} \cdot 10^3$] bei Hydrolyse mit 7,5%iger HCl	% Rückstand nach Enzymbehandlung (68 h bei 40 °C)
Buche – Sulfit, nie getrocknet	0,25	< 1
Buche – Sulfit, luftgetrocknet	15	19
Buche – Sulfit, bei 140 °C getrocknet	22	40

Tabelle 2
Zusammenhang zwischen mittlerer Partikelgröße von hydrolytisch abgebauten Linterspulvern und dem Rückstandswert nach 68 h enzymatischer Behandlung bei 40 °C

Probe	mittlere Partikellänge [μm]	% Rückstand nach Enzymbehandlung
Filtrak® FNA	57	76
Filtrak® FNS	41	73
Filtrak® FND	28	66
Heweten® 10 HL	43	69
Heweten® 20 HL	27	65

Tabelle 3
Einfluß einer trockenen und nassen Mahlung auf den hydrolytischen Abbau von Zellstoff

Probe	Säurehydolyse 5% HCl/100 °C/2 h % Rückstand	enzymatische Hydrolyse 68 h % Rückstand
Fichte – Sulfit, maschinengetrocknet	89	35; 32
Fichte – Sulfit, trocken gemahlen	84,5	50; 50
Fichte – Sulfit, naß gemahlen	92	7,6

Struktur verglichen werden. Als ein entscheidender Faktor im Zusammenhang mit der Partikelgröße erweist sich jedoch die Art der Zerkleinerung, indem entsprechend den in Tabelle 3 zusammengefaßten Ergebnissen nur eine nasse fibrillierende Mahlung die enzymatische Angreifbarkeit entscheidend erhöht, während eine trockene Mahlung offenbar infolge der damit verbundenen thermischen Beanspruchung eher den entgegengesetzten Effekt hervorruft. Auch hier zeigt sich, daß sich bestimmte strukturelle Veränderungen keinesfalls a priori gleichsinnig auf den enzymatischen und den säurehydrolytischen Abbau auswirken, indem letzterer nur durch eine trockene, nicht aber durch eine nasse Mahlung begünstigt wird (Tab. 3).

Eine Verringerung der lateralen Ordnung des Substrats durch Vorbehandlung mit flüssigem Ammoniak beschleunigt bei längeren Behandlungszeiten erwartungsgemäß den heterogenen enzymatischen Abbau (Abb. 1). Als wesentlich wirksamer

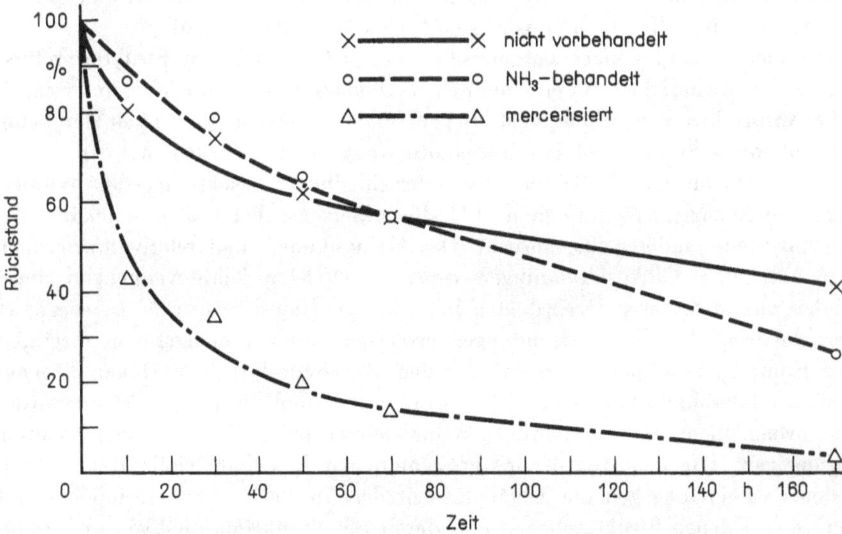

Abb. 1 Enzymatischer Abbau von AC-Linters nach unterschiedlicher Vorbehandlung (1% Substrat, 40 °C)

erweist sich jedoch eine Mercerisierbehandlung mit 18%iger Natronlauge, durch die gleichzeitig mit einer Verringerung des Ordnungsgrades eine Gitterumwandlung von Cellulose I zu Cellulose II erreicht wird. Neben der aus Abbildung 1 hervorgehenden rascheren Abnahme der Rückstandsmenge wird durch diese Mercerisierung zugleich der DP-Verlauf beim nachfolgenden enzymatischen Abbau ganz wesentlich beeinflußt: Während ohne Vorbehandlung und nach Dekristallisation mittels NH_3-Vorbehandlung die DP-Werte des Rückstandes auch nach In-Lösung-Gehen verhältnismäßig großer Anteile des Substrats fast unverändert dem Polymerisationsgrad des Ausgangsmaterials entsprechen, tritt beim enzymatischen

Tabelle 4
Rückstands-DP-Werte von unterschiedlich vorbehandelten Linters nach enzymatischer Behandlung

Probe	Rückstands-DP nach enzymatischer Behandlung 0 h	12 h	68 h
unbehandelt, lutro*	1800	1484	1488
NH_3-behandelt, lutro	1620	1574	1553
mercerisiert, lutro	1578	859	921
naß	1580	262	–

* lutro = luftgetrocknet

Abbau der Cellulose II ein sehr rascher und weitgehender DP-Abfall ein, der bei Einsatz eines initialfeuchten Substrats noch verstärkt wird (Tab. 4).

Die hier anhand einiger ausgewählter Beispiele dargelegten Struktureinflüsse auf die Geschwindigkeit des enzymatischen Abbaues und das oft recht unterschiedliche Ansprechen von säurehydrolytischem und enzymatischem Abbau der Cellulose auf solche Struktureinflüsse lassen sich weitgehend verstehen, wenn man von der unterschiedlichen Größe und der unterschiedlichen Selektivität der hydrolysierenden Agenzien, nämlich dem H_3O^+-Ion einerseits, den Proteinmolekülen des Enzymsystems andererseits, ausgeht. Das kleinvolumige und relativ unspezifisch gegenüber allen Glukosidbindungen wirkende H_3O-Ion kann weitgehend ungehindert alle in den wenig geordneten Bereichen und an der Oberfläche geordneter Bereiche liegenden Glukosidbindungen erreichen und unabhängig von ihrer Art und Konformation spalten, so daß für den säurehydrolytischen Abbau in erster Linie die laterale Ordnung des Cellulosepräparates und die in der Präparatstruktur vorhandenen inneren Spannungen maßgebend sind, die eine Kettenspaltung begünstigen. Für den Angriff der großvolumigen Proteinmoleküle des Enzymsystems scheint dagegen die Zugänglichkeit der fibrillären Struktureinheiten auf den verschiedenen Strukturebenen und damit die Partikelmorphologie in Verbindung mit der Struktur des Porensystems eine entscheidende Rolle für die Geschwindigkeit des Prozesses zu spielen. Außerdem weisen unsere Ergebnisse zum Einfluß einer zu Vernetzungsvorgängen führenden thermischen Behandlung wie auch zum Einfluß einer Mercerisierung auf den Verlauf des enzymatischen Abbaues darauf hin, daß die Art und die Konformation der Glukosidbindung die Bruttogeschwindigkeit und vielleicht auch den Mechanismus des enzymatischen Angiffs wesentlich mit bestimmen.

Unsere bisherigen Ergebnisse mit ligninhaltigen Substraten wurden vor allem unter Verwendung von Weizenstroh und Bagasse als Ausgangsmaterial erhalten. In Übereinstimmung mit den Angaben anderer Autoren kann zunächst festgestellt werden, daß die Anwesenheit von Lignin im System an sich den enzymatischen Abbau der Cellulose nicht unmittelbar inhibiert, sondern eine Verlangsamung nur indirekt über eine verringerte Zugänglichkeit der fibrillären Strukturelemente zustande kommt. Wie aus den Tabellen 5 und 6 hervorgeht, läßt sich durch eine intensive fibrillierende Naßmahlung nach Vorbehandlung in einem stark quellend wirkenden alkalischen Milieu die enzymatische Angreifbarkeit entscheidend erhöhen. Eine vorangehende teilweise Delignifizierung führt zu der zu erwartenden weiteren Abnahme der Rückstandsmengen. Wesentlich für den Einsatz derartiger Substrate in der Praxis erscheint uns die inzwischen auch von anderen Autoren mitgeteilte Beobachtung, daß das Enzymsystem von Trichoderma viride neben

Tabelle 5
Enzymatischer Abbau von Bagasse nach unterschiedlicher Vorbehandlung (1% Substrat, 40 °C, 68 h)
Alle Prozentangaben auf eingesetzte atro Bagasse bezogen

Vorbehandlung	% Rückstand	% Gelöstes	% abgebaute, gelöste Cellulose*
keine	90...91	9...10	2...4
trocken gemahlen	93,5	6,5	1...2
24 h/20 °C mit 1%iger NaOH behandelt defibriert, NaOH teilweise ausgewaschen	51...55	45...49	29...31

* aus Glucosegehalt der Lösung berechnet

Tabelle 6
Enzymatischer Abbau von Weizenstroh nach unterschiedlicher Vorbehandlung (1% Substrat, 40 °C, 68 h)
Alle Prozentangaben sind auf eingesetztes atro Stroh bezogen

Vorbehandlung	% Rückstand	% Gelöstes	% Gelöstes außer Cellulose*
24 h/20 °C mit 1%iger NaOH behandelt, defibriert, ausgewaschen	31...45	55...69	23...33
24 h/20 °C mit 1%iger NaOH behandelt, defibriert ausgewaschen, kolloidgemahlen	25...37	63...75	29...41
mit $NaClO_2$ delignifiziert auf 5—7% Restlignin; 24 h/20 °C mit 1%iger NaOH behandelt, defibriert, ausgewaschen	9...18	82...91	39...45

* als Differenz aus Glucosegehalt und Gehalt an reduzierender Substanz ermittelt

der Cellulaseaktivität auch eine erhebliche Xylanaseaktivität aufweist, d. h. neben der Cellulose auch die in solchen Substraten in Mengenanteilen von etwa 25% vorhandenen Pentosane spaltet und als monomere bzw. oligomere Zucker in Lösung bringt. Soweit unsere jetzt vorliegenden Ergebnisse schon solche Schlußfolgerungen zulassen, erscheint uns zur Vorbehandlung ligninhaltiger Substrate für einen anschließenden enzymatischen Abbau der Cellulosekomponente eine Kombination von defibrierender bzw. fibrillierender mechanischer Behandlung zur Erhöhung der Fibrillenaccessibilität mit quellend bzw. delignifizierend wirkenden chemischen Behandlungsschritten besonders aussichtsreich.

Als wesentliche Voraussetzungen für weitere Fortschritte auf dem Gesamtgebiet des enzymatischen Abbaues der Cellulose sehen wir einen Ausbau der analytischen Methodik, vor allem eine Vereinheitlichung der Methoden zur Bestimmung von Enzymaktivitäten und eine stärkere Einbeziehung morphologischer Gesichtspunkte in die Charakterisierung der Abbauvorgänge und der Abbaurückstände an. Unumgänglich für ein tieferes Eindringen in die Ursachen für die Auswirkung verschiedener Strukturparameter auf den Verlauf des enzymatischen Abbaues der Cellulose ist u. E. die Bereitstellung und der Einsatz isolierter Einzelkomponenten des Enzymsystems unter Verwendung von Substraten möglichst definierter chemischer und physikalischer Struktur, um aus den Ergebnissen solcher Versuche Hinweise zur Optimierung des Enzymsystems für bestimmte Einsatzzwecke zu erhalten.

Die in diesem Beitrag zusammengefaßten Resultate sind das Ergebnis gemeinsamer Arbeiten mit den Herren Dozent Dr. habil. *Hirte* und Dr. *Schulz*, Bereich Mikrobiologie der Sektion Nahrungsgüterwirtschaft und Lebensmitteltechnologie der Humboldt-Universität Berlin, sowie DC *Jacopian* und Dr. *Loth*, Institut für Polymerenchemie der Akademie der Wissenschaften der DDR.

E. Leibnitz

Nutzungsmöglichkeiten akzessorischer Stoffe

Wenn auch eine direkte Verwendung von Holz als Ausgangsmaterial für eine Stoffwandlung ohne vorherige Prozeßstufen erstrebenswert bleibt, so soll doch hier noch an die akzessorischen Bestandteile des Holzes erinnert werden, zumal gerade aus ihnen sehr hochwertige Waren gewonnen werden können.

Die in diesem Zusammenhang wichtigsten Stoffe sind ätherische Öle und Harze, insbesondere, da es in absehbarer Zeit gelingen wird und sich schon in großflächiger Erprobung befindet, die Sekretion gerade dieser Substanzgruppen durch Impfung der Stämme beträchtlich zu erhöhen.

Zwar ist die Zusammensetzung bei den verschiedenen Nadelhölzern sehr unterschiedlich, dennoch kann als Querschnittserträge die folgende Übersicht gelten:

Lebendharzung erbringt pro Lachte 1,5 bis 4 kg Harzbalsam. Seine Aufarbeitung liefert

17 – 25% Balsamterpentinöl und
~70% Balsamkolophonium.

Für die Zusammensetzung des Terpentinöls mag als ein Beispiel das der einheimischen Kiefer (Pinus sylvestris) gelten:

67 – 76% α-Pinen
13 – 10% α-α-Caren
7 – 9% l-β-Pinen
2 – 3% l-Limonen

Extraktion von Stamm-, insbesondere Stubbenholz mit zusätzlicher Wasserdampfdestillation bringt pro 1 t lftr. Stubben

27 l Terpentinöl
7 l hochsiedende Terpene
20 l Pineöl und
150 – 180 kg Wurzelharz

Sulfatzellstoffaufschluß liefert bei Kiefernholzeinsatz 8–10 kg/m³ Tallöl; d. s. 40–50 kg/t Zellstoff. Für Kiefern unserer Breiten kann als typisch für die Zusammensetzung angesehen werden:

~37% Fettsäuren
~50% Harzsäuren
~9% unverseifbare Bestandteile
~4% Oxysäuren.

Die Bedeutung der Terpene für die Riechstoffindustrie ist so allgemein bekannt, daß sie hier nur erwähnt zu werden braucht.

In den Harzsäuren liegen Triterpenderivate vor, die synthetisch nur mit großen Schwierigkeiten zugänglich sind. Abbildung 1 zeigt die 3 wichtigsten Vertreter in dem Nadelholzkolophonium, die mit betontem Überwiegen der Abietinsäure im Balsam-, Extrakt- oder Tallölkolophonium den Charakter des Harzes bestimmen.

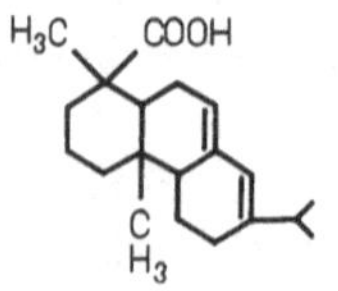

Abietinsäure

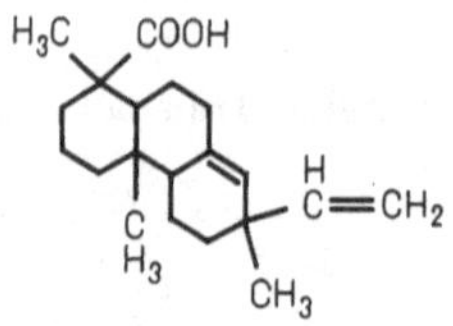

Dextropimarsäure

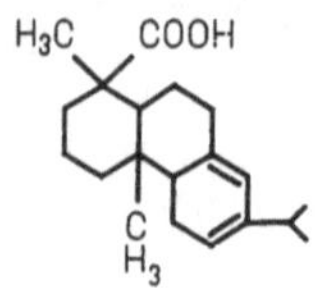

Lävopimarsäure

Abb. 1

Das ihnen gemeinsame Retenskelett ist sehr stabil, so daß schon eine Veresterung mit Polyolen, wie z. B. Glycerol, Trimethyloläthan oder -propan bei hohen Temperaturen (um 200 °C) zu Polyestern mit Molmassen um 2000 führt.

Sie sind bis auf die Dextropimarsäure der *Diehls-Alder*-Reaktion zugänglich, wobei wiederum bei hohen Temperaturen die Lävopimarsäure sich fast ganz in Abietinsäure umlagert.

Abbildung 2 zeigt, daß dabei eine nochmalige Vergrößerung des Skeletts stattfindet, sowie eine Trikarbonsäure entsteht.

Wiederum nur erwähnt zu werden braucht, daß die durch partielle Alkalisalzbildung entstehenden wäßrigen Dispersionen in der Papierindustrie als Leim eine praktisch unveränderte Bedeutung behalten haben, wenn auch die verschiedenartigen Syntheseharze zusätzlich Eingang gefunden haben.

Eine ganz analoge Feststellung kann für die Polyester, vorzugsweise der Maleinsäureaddukte (Albertole) getroffen werden, die neben den Polyester- und Epoxidharzen vorzugsweise für eine anspruchsvolle Holzvergütung ihre volle Bedeutung beibehalten haben.

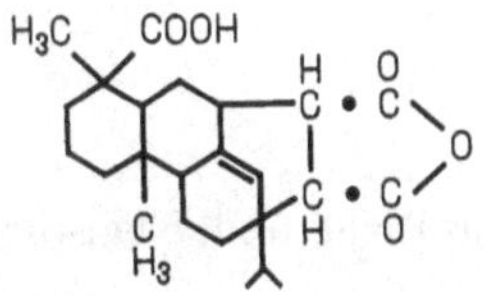

Abb. 2

Sowohl die Säuren einerseits als auch die Maleinsäureaddukte können relativ einfach unter Hochdruck als einfache Ester zu den entsprechenden Mono- oder Polyalkoholen reduziert werden. Hiermit wird eine Gruppe von Alkoholen zugänglich, deren Ester mit höheren Fettsäuren, aromatischen und aliphatischen Bikarbonsäuren die unterschiedlichsten Derivate eröffnet, die sich erfahrungsgemäß durch sowohl ungewöhnlich hohe dielektrische Eigenschaften bei beachtlicher Wärmefestigkeit, als andererseits wertvolle Hilfsmittel der Hochvakuumtechnik erweisen. Die heute mögliche Vernetzung mit Diisocyanaten, die gegebenenfalls weit sorgfältiger gesteuert werden kann als eine Veresterung, eröffnet hier sicher ein der Erkundung wertes Gebiet.

Der spezielle und teilweise ganz ungewöhnlich hohe Gebrauchswert der aus den Harzen gewinnbaren Folgeprodukte sollte deren maximale Gewinnung bei der komplexen Holznutzung rechtfertigen.

Das gilt auch für die höheren Terpene in den hochsiedenden Fraktionen und im Pineöl, aus denen vorzugsweise Flotationshilfsmittel gewonnen werden, die bisher in bezug auf bestimmte Selektivitäten ebenfalls noch einen festen Platz in der Industrie behalten haben.

Kh. Lohs

Toxikologische Probleme bei der Holzverwertung

Bei der komplexen Nutzung des Holzes gibt es auch eine Reihe toxikologischer Probleme zu beachten.

Es sind dies

1. Vergiftungsgefahren durch natürliche Holzinhaltsstoffe; dies trifft jedoch fast ausschließlich nur für tropische Hölzer zu, von denen z. B. einige ausgesprochen hautreizende Eigenschaften besitzen, also schon bei der bloßen Handhabung Vergiftungssymptome bewirken, während andere Hölzer ihre Wirkstoffe resp. Gifte erst durch entsprechende Bearbeitung bzw. Behandlung (z. B. durch Lösungsmittelextraktion, Auslaugvorgänge, Brenzprozesse u. ä.) freisetzen.
2. Vergiftungsgefahren, die nicht direkt vom Holz ausgehen, die jedoch für die Arbeiter bei der Gewinnung und der Bearbeitung von Holz durch die zur Verwendung kommenden Holzschutz- und Holzpflegemittel sowie die in der Verarbeitungs- und Fertigungsindustrie verwendeten Mittel (Beizen, Lacke, Farben, Bleichmittel, Firnisse, Kleber usw.) verursacht sind.
3. Vergiftungsgefahren für die Nutzer und Verbraucher (im umfassendsten Sinne) bei der Verwendung von Altholz und Gehölzen aus der Land- und Forstwirtschaft, dem Industrie- und Bahnstreckenbau, deren Ursache in der steigenden Verwendung von Pflanzenschutz- und Schädlingsbekämpfungsmitteln liegen.

Aus der vielschichtigen Problematik — die einen eigenen Vortrag rechtfertigen würde — soll hier in gebotener Kürze nur die Frage der Holzschutzmittel auf Chlorphenolbasis herausgegriffen werden, ohne auf die sehr interessante Toxikologie der Chlorphenole und Chlorphenolderivate besonders einzugehen.

Es sei lediglich *ein* Aspekt dieser Holzschutzmittel auf Basis von Pentachlorphenol bzw. Pentachlorphenolnatrium sowie Tetrachlorphenol und des Monochlor-2-oxydiphenyl hervorgehoben, weil dieser Aspekt erst in den letzten Jahren zu allgemeiner Aufmerksamkeit geführt hat. Es ist dies die bei der Verbrennung chlorphenolimprägnierter Hölzer — und das sind sehr viele angesichts einer Weltjahresproduktion von etwa 20 000 Tonnen Pentachlorphenol — vor sich gehende pyrolytische Bildung von polychlorierten Dibenzo-p-dioxinen, insbesondere des extrem giftigen Tetrachlordibenzo-p-dioxin, auch einfach „Dioxin" oder TCDD genannt.

In Zusammenhang mit der Auswertung der Ereignisse von Seveso wurde vor der Klasse „Umweltschutz und Umweltgestaltung" der AdW am 28. 04. 1977 bereits über die toxikologischen Probleme solcher Dioxine berichtet [1].

Auf die Reaktionswege und Reaktionsbedingungen der zur Dioxin-Bildung führenden Kondensationsreaktionen sowie das Ausmaß solcher Umsetzungen kann hier nicht eingegangen werden. Es sei aber daran erinnert, daß es im zivilen Sektor schon ernste Zwischenfälle mit Todesfolge bei Verbrennungsaktionen chlorphenolimprägnierter Althölzer gegeben hat und daß es heute als ein ausgesprochener Kunstfehler anzusehen ist, wenn man im Bereich der Land- und Forstwirtschaft Gehölze, die mit Chlorphenolen behandelt oder die Herbiziden auf der Basis von 2,4,5-T und seinen Derivaten ausgesetzt worden waren, in größeren Mengen im Freien verbrennt.

Die umwelttoxikologischen Konsequenzen von großflächigen Abbrennaktionen sind uns in sehr makabrer Weise von der US-Army in Vietnam demonstriert worden, wo nicht nur die mit Dioxinen verunreinigten 2,4,5-T-Herbizide als Defolianten zur Umweltkriegführung Verwendung fanden, sondern dann noch eine zusätzliche Dioxinbildung zustande kam, weil mit der Absicht, sich freie Schußfelder zu schaffen, diese entlaubten Gebiete auch noch (anschließend an solche Herbizidkampfstoffeinsätze) mit Napalm großflächig abgebrannt wurden, der an weiteren Details solcher Aktionen Interessierte sei auf zwei eindrucksvolle Monographien von Prof. Dr. *A. H. Westing* hingewiesen, die dieser anhand seiner eigenen Beobachtungen in Vietnam nach dem Ende dieses barbarischen Feldzuges im Auftrag des SIPRI geschrieben hat [2].

Schließlich sei für die im Rahmen dieser heutigen Klassensitzung anstehende Problematik der komplexen Holznutzung noch auf eine weitere umwelttoxikologisch zu beachtende Gefahr hingewiesen, auf die vor einigen Jahren schon *W. Sandermann* [3] aufmerksam gemacht hat. Hierbei handelt es sich um die Ablaugen der Zellstoffbleiche als eine vordem nicht beachtete Quelle für die Dioxinbildung. Bekanntlich wird der Restgehalt von Lignin im Zellstoff durch mehrstufige Chlorierung und kombinierte Alkalibehandlung entfernt. Unter Demethylierung bei gleichzeitiger Chlorierung können so Dichlor- und Tetrachlorbrenzkatechine entstehen, die dann im Zuge der Nachbehandlung bzw. beim Erhitzen unter Wasser- und Salzsäureabspaltung zum Tetrachlordibenzodioxin führen. Zusätzlich ist noch die Bildung chlorierter Biphenyle zu beachten, die dann ebenfalls entweder ins Flußwasser abgegeben werden oder beim Verbrennen der eingedampften Schwarzlauge in die Atmosphäre gelangen (bei einem Weltjahresverbrauch von über 2 Millionen Tonnen Chlor nur im Bereich der Zellstoff- und Textilbleiche dürfte hier eine nicht zu unterschätzende potentielle Umweltgefährdung durch solche Chloraromaten vorliegen).

Nur am Rand sei auf die hohe Mutagenität der Dioxine und anderer chlorierter Aromaten hingewiesen, weil dies für die mikrobielle Verarbeitung von Holzabfällen (s. Diskussionsbemerkung von *M. Ringpfeil*) gegebenenfalls Konsequenzen haben kann.

Als ein letztes Problem der Toxikologie im Zusammenhang mit der Holznutzung bzw. -verarbeitung ist darauf aufmerksam zu machen, daß auch der Holzstaub in noch nicht näher bekannter Weise zur Quelle schwerwiegender Gesundheitsrisiken in Verbindung mit Krebserkrankungen im Nasen-Rachenraum usw. werden kann. Erst in allerjüngster Zeit beginnen sich Onkologie, Toxikologie und Holzchemie diesen arbeitsmedizinisch relevanten Fragen zuzuwenden. Wir beabsichtigen, diese toxikologisch-onkologische Problematik in einer zusammenfassenden Darstellung zu publizieren (Lohs / Gibel, in Vorbereitung). — Zweifellos wird die in ihrer volkswirtschaftlichen Bedeutung noch weiter zunehmende Holzverwertung auch aus der Sicht einer präventiven Phyto-Toxikologie ganz neuartige Fragen für die Forstwirtschaft aufwerfen; hierzu sind gesonderte Erhebungen nötig.

Wenn man sich also entschließt, im Rahmen der DDR-Forschung dem Rohstoff Holz größere Aufmerksamkeit zu schenken als bisher, dann gehört zum Bestandteil der Holzforschung von vornherein auch die Einbeziehung chemisch-toxikologischer bzw. umwelttoxikologischer Aspekte. Es bietet sich deshalb hier im besonderen Maße die Gelegenheit, von Anbeginn eines Forschungs- und Anwendungsvorhabens gleich auch die damit verknüpften toxikologischen Probleme zu bearbeiten, um nicht — wie bislang geschehen — diese erst im Nachhinein lösen zu müssen.

Literatur

[1] Kh. Lohs, E. Heinisch: Chemisch-toxikologische und ökotoxikologische Probleme der „Dioxine". Sitzungsberichte der AdW der DDR, Nr. 21/N, 1977.

[2] A. H. Westing: Ecological Consequences of the Second Indochina War, Almqvist and Wiksell international, Stockholm 1976; Weapons of Mass Destruction and the Enviroment, Taylor and Francis Ltd, London 1977.

[3] W. Sandermann: Naturwissenschaften **61**, 1974, 207—213.

Autorenverzeichnis

Friedrich Fischer, Prof. Dr. rer. nat. habil., Technische Universität Dresden, Sektion Forstwirtschaft Tharandt

Valerij S. Gromov, Dr., Institut für Holzchemie der Lettischen Akademie der Wissenschaften, Riga, UdSSR

Wolfgang F. Hirte, Dr. habil., Humboldt-Universität Berlin, Sektion Nahrungsgüterwirtschaft und Lebensmitteltechnologie, Bereich Mikrobiologie

V. P. Karlivan, Prof. Dr., Institut für Holzchemie der Lettischen Akademie der Wissenschaften, Riga, UdSSR

Eberhardt Leibnitz, Ordentliches Mitglied der Akademie der Wissenschaften der DDR

Karlheinz Lohs, Ordentliches Mitglied der Akademie der Wissenschaften der DDR

Burkart Philipp, Ordentliches Mitglied der Akademie der Wissenschaften der DDR

Manfred Ringpfeil, Korrespondierendes Mitglied der Akademie der Wissenschaften der DDR

FSC
www.fsc.org
MIX
Papier | Fördert gute Waldnutzung
FSC® C083411

Zeitfracht Medien GmbH
Ferdinand-Jühlke-Straße 7
99095 Erfurt, Deutschland
produktsicherheit@kolibri360.de